我的相片绘画手札

My Photo My Life!!!

博客·手绘·心情

张静怡　徐小妮　著

中国摄影出版社

序

请您拿起笔，用在任何一处墙面涂鸦的心情，来玩相片涂鸦吧！

就是如此随性，您不用担心被骂或被人用扫把赶走，电脑涂鸦的乐趣您一定得试试看！

这是两位“妮”的创作书，卡布妮妮喜欢拍照写日记，有时会用数码单反全套装备记录生活中的大小事件，有时则拿起LOMO相机将生活刻画在胶片中；徐小妮喜欢从零到有地完成细致精美的手绘日记，没有美工背景，但有爱幻想的脑袋，将心情转化成一种看得到的情境，用她的细腻完成她的数码日记。在此书中，我们希望与爱幻想、爱画画的您相遇，让我们从笔尖开始寻找对方。

这本书是给不会Photoshop、不会使用手绘板，又想增添影像趣味，喜欢拿小DC拍照，常通过博客分享心事的您使用。从握笔开始，跟着我们的步骤练习，与画笔成为朋友后，再学习图层管理，电脑涂鸦可以玩得很有新意。

准备好了吗？那就赶快跟着我们的脚步，开始画画吧！

卡布妮妮

http://tw.myblog.yahoo.com/cappu_cat

关于卡布妮妮

我是卡布妮妮，我是写了60余本电脑书的女生，我就是张静怡。

在从事电脑书撰写工作 12 年后，我开始慢慢地从版本新增的轮回中爬出来，不想再每年都为一套新软件来著书了。教书虽然是一种使命，但往往会让我感觉没有与新软件一样一起更新，生活似乎陷入一种紧张的情绪之中，突然在30岁之后，我想要休息了。

接着我玩起许多不曾想过的事，养猫、经营博客、玩起猫民宿、摄影、管理网站、家教教学、自创设计品，还拿起笔来，开始在相片上画画。每个Photoshop版本都有画笔工具、铅笔工具与填色工具等，我就这样开始，不再追随新版本，脑袋瓜儿反而升级了。

我的世界很简单，有猫、有电脑、有手绘板。我很快乐，随着风骑着车，带着相机到处跑、到处拍，任何一块天空、任何一个角度我都觉得漂亮。记录生活的方式可以随时准备好相机，不管看到好的、坏的，就像从报纸或杂志里看到好文章一样，相机就是您的剪刀，剪下您觉得值得记忆的画面，放到电脑里，加个图、减个背景或贴个贴纸，重点不是画面多精彩，而是当时的心情都是如此美好。

徐小妮

http://www.flickr.com/photos/ni0218/

关于徐小妮

徐小妮是个每天在幼儿园或亲子班的孩子堆中打滚的女生。

她是水瓶双鱼星座，AB 血型，

所以，身体里总是有两种特质在打架。

A 型小妮和 B 型小妮每天都会上演着拉锯战，

水瓶小妮和双鱼小妮每天也都会辩论与争吵。

要懂她，很难。

因为，有时候连她自己都不懂真正的自己。

她是个跟外表反差很大的人

个子矮小，留着一头长卷发，表面上看起来是个浪漫又可爱的女生，

但私底下，她是个性情中人。

她很纯，也很蠢。

爸妈总爱说她没有忧患意识，常提醒她，世界上是有骗子的！

但她很难听进去。

因为她老觉得："骗我？有什么好处？没有好处的事会有人做吗？"

她其实是个藏在成年人身体里的小孩，

就跟大多数的孩子一样，期待着日历上的红字与寒暑假，当然还有大台风的来临。

她喜欢买玩具，家中书柜里有2/3都是她的玩具。

她喜欢用画来说话，

学生的联络簿上，常常可以看到她在写了一堆红字之后，再加上一个小图。

每个小图都是她希望让家长和学生明白她的情绪表情。

她觉得画画是件快乐的事，

即使没有受过专业或正式的训练，她还是每天努力地画着。

因为，她希望有一天，她的图可以像冬天的太阳一样，给人刚刚好的温度。

她就是徐小妮。

目录 CONTENTS

UNIT 1

打好基础盖大楼——
手绘板与 Photoshop 功能分享

UNIT 2

手绘 · 线条 · 试一试

UNIT 3

徐小妮

手绘·彩虹·叠上去

UNIT 4

卡布妮妮

灰姑娘的玻璃鞋

哇～快开始了！
真是迫不及待呀……

UNIT 1

卡布妮妮

打好基础盖大楼——手绘板与Photoshop功能分享

很多病，只要被感染了就没得救

小时候，很喜欢参加大大小小的绘图比赛，目的不在于比赛的成绩，而是可以借比赛，让爸爸妈妈有理由把时间都给我，带着我去儿童乐园参加写生比赛，还可以让爸爸妈妈向邻居炫耀，“我们的女儿又去参加画画比赛了”。

事隔几十年，虽然没拿过什么惊人的奖项，但也让我爱上了线条和色彩，就像躁郁症患者一样，可以不自觉地用右手拿着长状物在任何平面上随意地挥舞，有时是筷子或树枝，偶尔也会用右手握着自己的食指。

关于 Adobe Photoshop

自己写电脑书的这十年来，最常被读者询问的问题就是“请问软件是正版的吗？”这如同买葱送猪肉的问题是一样的，Adobe 网站提供了 30 天的试用期，比购物台的 10 天还优惠 20 天的试用时间，满意再付费购买软件，全球的经济都会感激您呀！

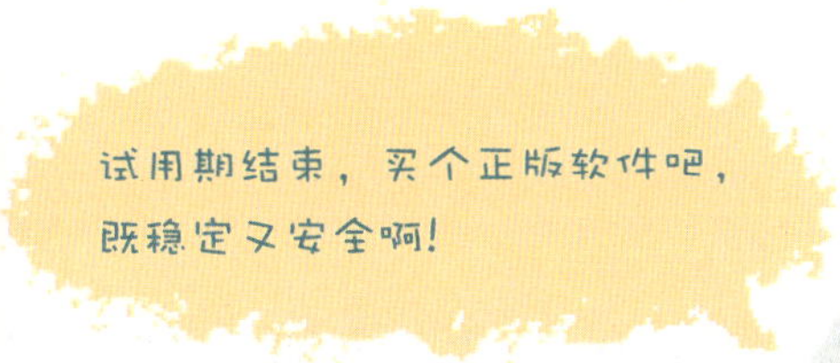

Photoshop 是绘图界的龙头老大，但这本书最需要的工具是各种画笔工具，所以您无须在意版本，只要是您的电脑系统可运行的 Photoshop 版本即可。本书使用的是 Adobe Photoshop CS4，有些界面也许会与您的版本稍微不同，但功能都是一样的，请放心。

Photoshop 界面介绍

请点击 Windows 的**开始**钮，执行“**开始/程序/Adobe/Photoshop**”命令（或“**所有程序/Adobe/Photoshop**”），开启 Photoshop。

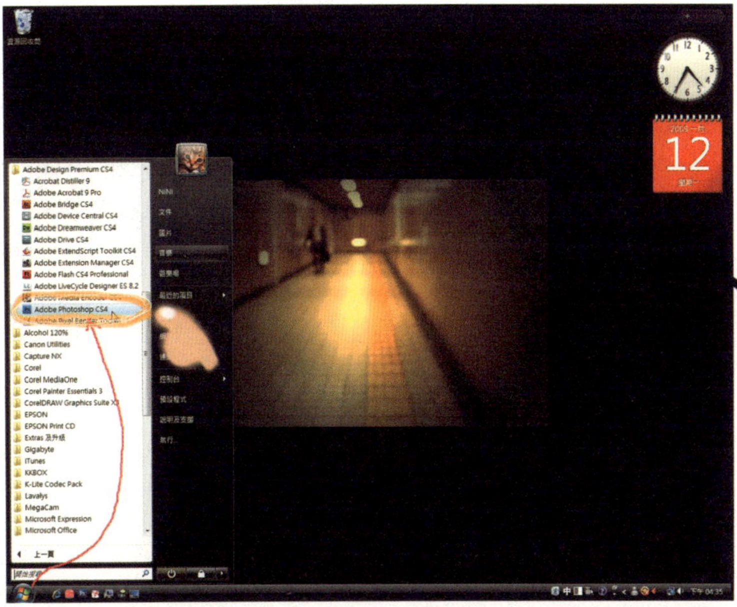

工具箱介绍

操作窗口左方有一个长条状的工具箱，其中包含的工具不只是眼前看到的这些，只要按钮上有黑色的三角形，就表示按住这个按钮后，会出现其他暂时隐藏的工具。

① 功能列表

将各种处理文件的执行动作分门别类。例如，想套用特效，就选择“**滤镜**”功能；想改变文件的尺寸，在“**图像**”功能表中就能找得到相关指令。

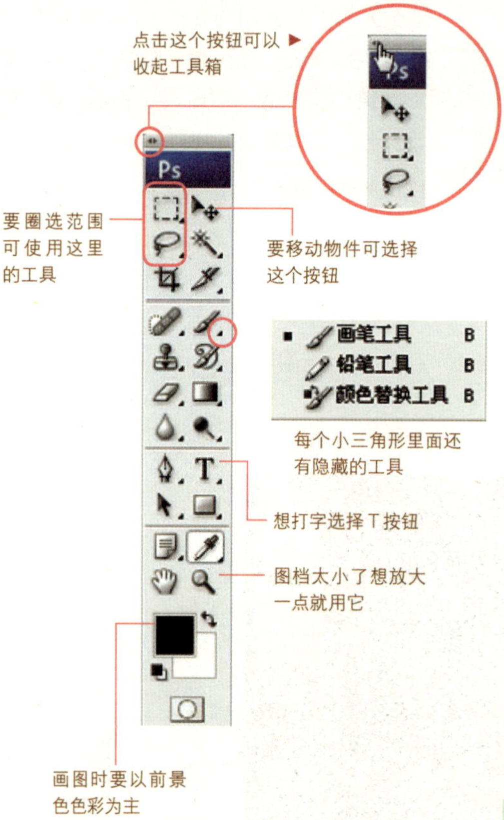

② 工具箱

只要利用鼠标即可进行编辑文件的各种动作，相关的工具全部都在工具箱中。如想画画，就选择**画笔工具**，工具按钮的右下角若出现黑色的三角形，表示里面还有其余工具可选择。

③ 选项列

这里所显示的各种设定，都是对应工具箱里目前选取的工具。例如，选择的若是**文字**工具，就可在选项栏里找到文字的大小与字形的选择，以及改变文字的颜色。

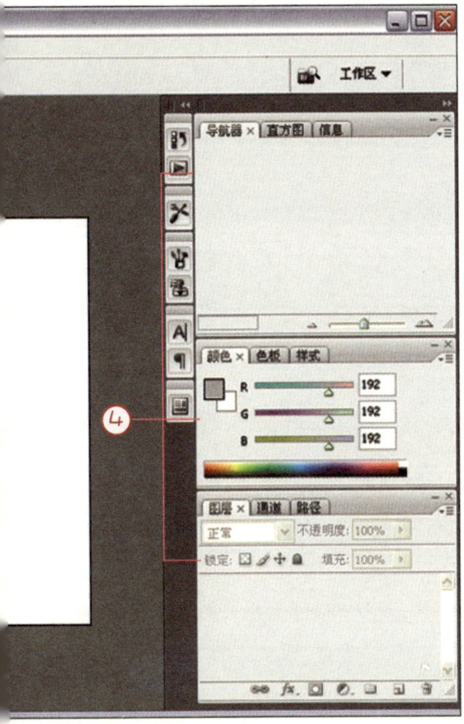

④ 一大堆浮动工具面板

还有很多好用的工具放在工具面板上，选择“**窗口**”菜单，里面有一大堆工具面板可以使用。想选颜色？来个“**颜色**”面板吧；想应用图层，就来个“**图层**”面板，欢迎点餐喔！

图画在哪里

别把 Photoshop 想得太复杂，它就像厨房的料理台，现在您需要一个炒菜锅，要把所有材料丢进锅里翻炒，加点绿色的青菜、红色的辣椒，再撒点调味料，盛盘的时候，就是美味上菜的时候！

Photoshop 就像一个料理台，提供一堆工具供您使用，现在我们只需一个可以集中材料的炒菜锅，也就是一个文件，让菜肴在此汇集成美味佳肴。

1 执行“**文件/新建**”命令。这里就是指定锅子大小的地方，大锅菜或小锅炒，随便您调整大小。

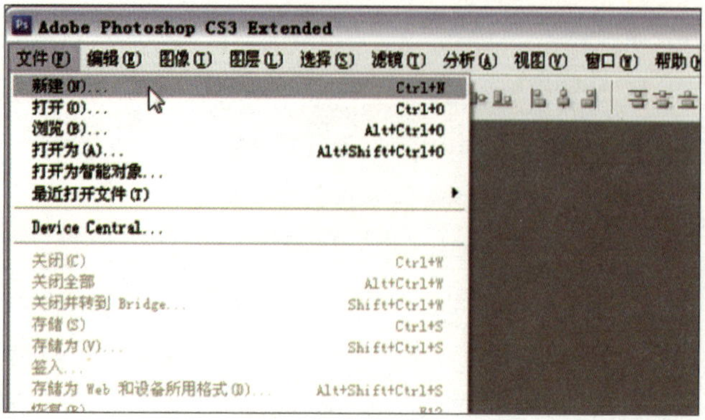

我们就以相片的尺寸来设定画布的大小吧，最常使用的尺寸为 4X6 英寸，咱们就设定宽度为 6，高度为 4，单位为**英寸**，而**分辨率**则代表着相片的品质，设定一个高品质的“300dpi **像素/英寸**”如何？

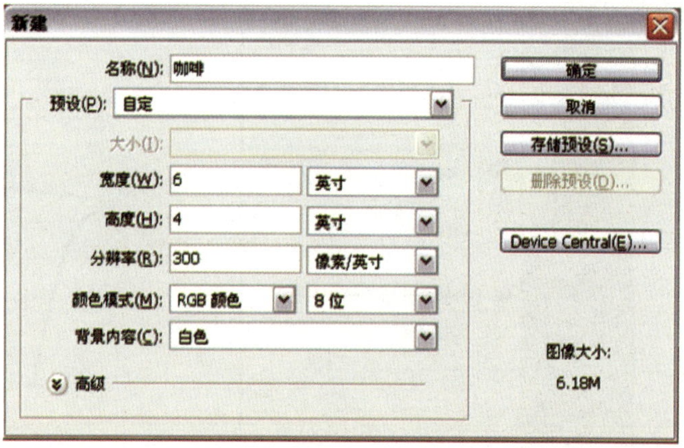

2 白色的纸张像一个全新的炒锅，要加入什么材料？工具都在左边的工具箱里。白色的纸画起来会让您有压力吗？您知道吗？许多画家都会先在油画布上用脏布擦过，让画布不再纯白，好让灵感容易闪现。这个方法如何，想不想试试呢？

3 **画笔工具**很好用，可以调大或调小画笔**尺寸**，调整**不透明度**和控制浓淡度。在工具箱里点击 钮，选项列上面显示的属性都是使用画笔工具时可以调整的选项。

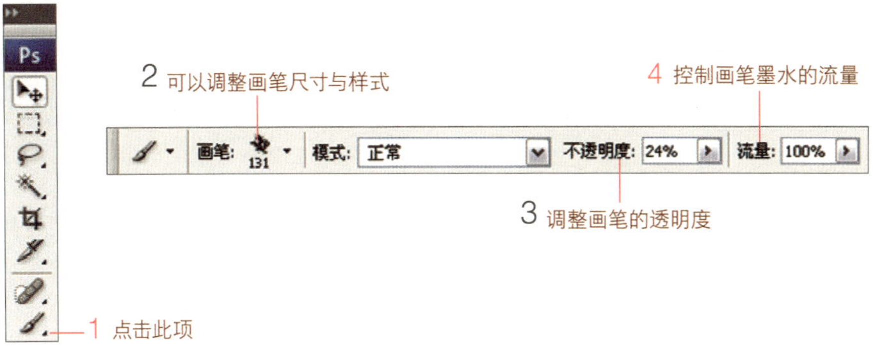

4 在选项列的**画笔**选项中点击 钮，里面可以选择各式各样的画笔造型，在这里挑一个 23 号画笔，移动**主直径**的滑动杆，并将数据设定为 300px。

分辨率是什么?

分辨率就是解析影像的能力，数据越高，解析的能力就越好，影像就越清晰。应用在高画质的地方时（如印刷品），就需要高分辨率，一般都以 300dpi 为主。如果是在网络上使用，而网络内容是通过电脑显示器观赏的，电脑显示器使用的分辨率是 72dpi，所以只要提供不低于 72dpi 的品质即可。

5 我们先来个鼠标涂鸦游戏吧！放下您的手绘板，在选项列将**不透明度**设为 5，**流量**设为 10。降低**不透明度**可以利用笔画堆叠的效果做出层次丰富的画布。按住鼠标左键，在画布上大胆地画出第一笔。

6 涂上第二层笔触。层次越多，色彩越浓，白色的画布也会越变越有趣。

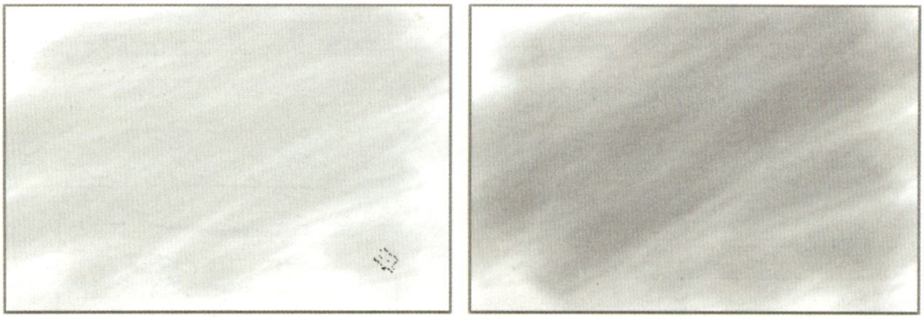

7 换个颜色。执行“**窗口/颜色**”命令，开启**颜色**面板，面板下面有一条像彩虹般的色条，试着将鼠标箭头移动到色条的上方，会出现吸管光标，请对着绿色点击一下鼠标左键，吸起色彩。

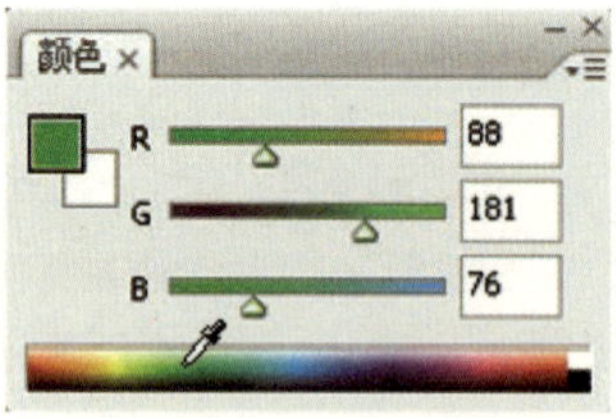

8 将画笔的**不透明度**设定为 70%，在画面的某个位置按住鼠标开始随性涂抹，当绿色＋灰色的底色融合后，色彩细节会产生更多的变化。

9 再来个红色，绿＋红，然后多个蓝色吧，三原色都到齐了！

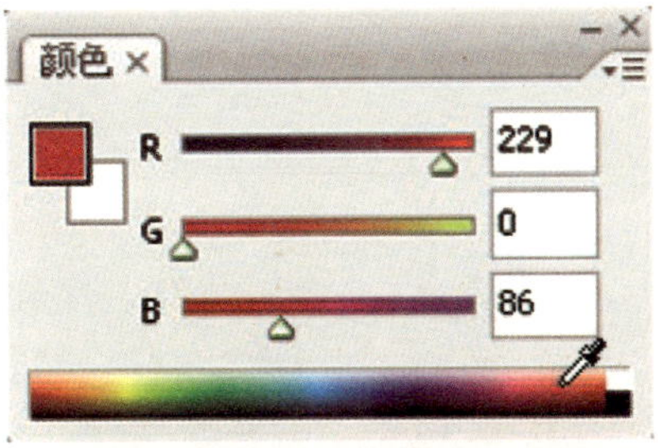

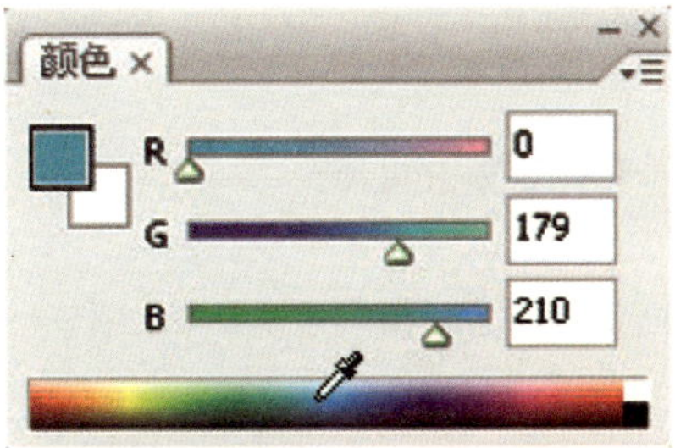

10 换成白色，将画笔**尺寸**调小至10 左右，**不透明度**设为 100，**流量**为 80%，继续在画面上画出一块长条状的小色块。

11 将画笔尺寸调小，写上文字和淡淡的签名，就完成了第一款超级简单的手绘画笔作品。

ch01\笔触.psd

卡布妮妮的叮咛

方便的检视工具，让我表现更多的细节

图越画越大，无法塞满整个显示器时，就会缩小检视比例，将画面缩小一些，如果要局部放大来画时，那就使用放大镜吧！

工具箱里有一个方便的**缩放工具**，只要在画布上点一下，就会依比例放大；若按住 Alt 键，则可以缩小显示比例，非常方便好用。

另外，在放大比例时，若想改变检视范围时，可以执行“**窗口/导航器**”命令，将**导航器**面板打开，按住红色的框线拖曳，就可以检视其他范围的影像。

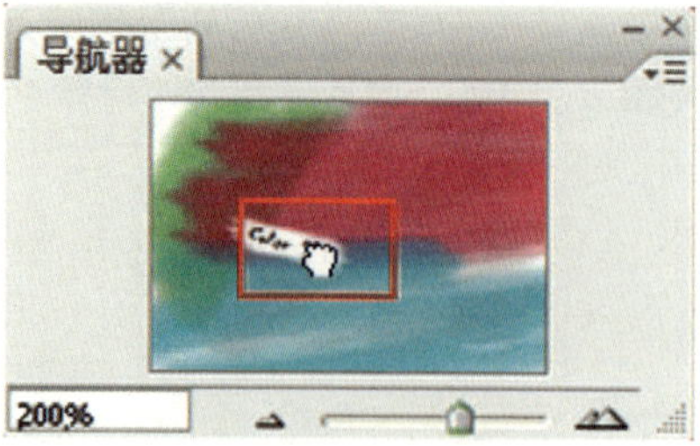

我很忙。

常常不知为何而忙……

忙得忘了还要关心自己。

我写了一张明信片给自己，

贴上邮票，

希望几天后邮差送达的那一天。

可以得到被自己关心的幸福感觉。

多多应用图层面板

图层就像是麦当劳的汉堡一样，一片面包就是一个图层，中间夹着蛋、夹着火腿和肉片，每一个也都是一个图层。您可以不要加蛋，直接把蛋那个图层拿掉就好了，不会影响火腿的味道，也能保留面包该有的样子，这就是图层。

猪柳蛋汉堡 (ch01\汉堡图层.psd)

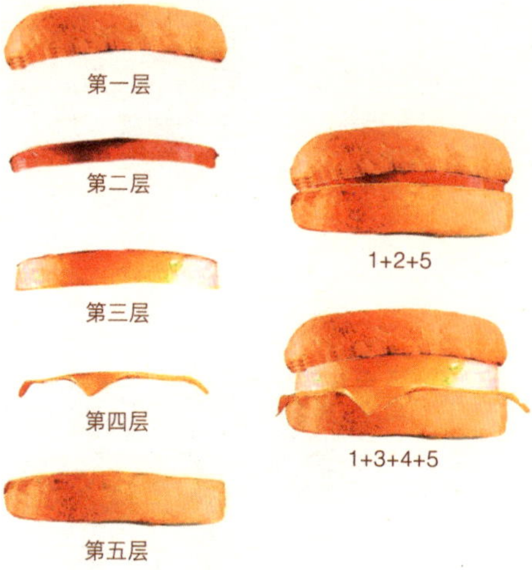

执行“**窗口/图层**”命令，可开启**图层**面板，点击 [按钮] 钮就可以新增空白的图层，每个空白图层都可以塞进一片火腿或两个煎蛋。不想加蛋吗？只要把眼睛闭起来，就看不到了！

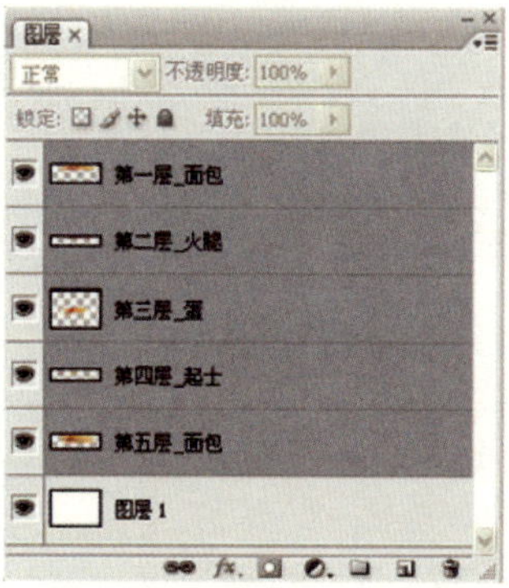

图层就像汉堡

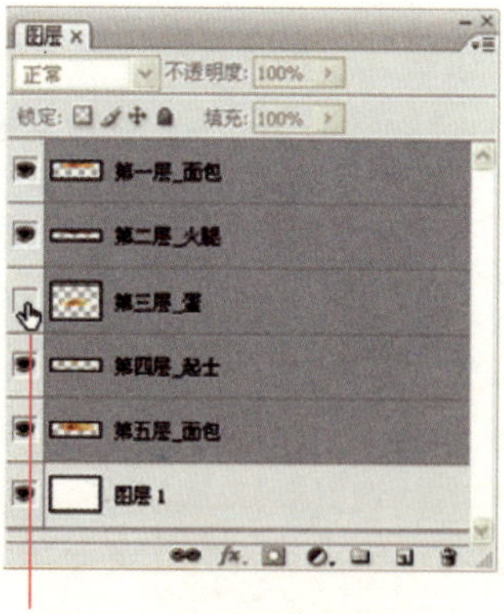

不想加蛋，就把蛋图层隐藏起来吧

多多应用步骤记录面板

现实生活中最怕做错事，一次失误可能就来不及回头了。唯有在电脑绘图世界里您可以尽情地回头……在第 32 页，徐小妮会与您分享回复指令的操作方式。如果您想回复至某个曾经执行过的指令，建议您同时执行“**窗口/历史记录**”命令，开启**历史记录**面板快速切换。面板上会显示目前的作品上您曾经执行过的各种指令名称，直接点选即可恢复至指定的层级，不过预设的层级只有 20 层。

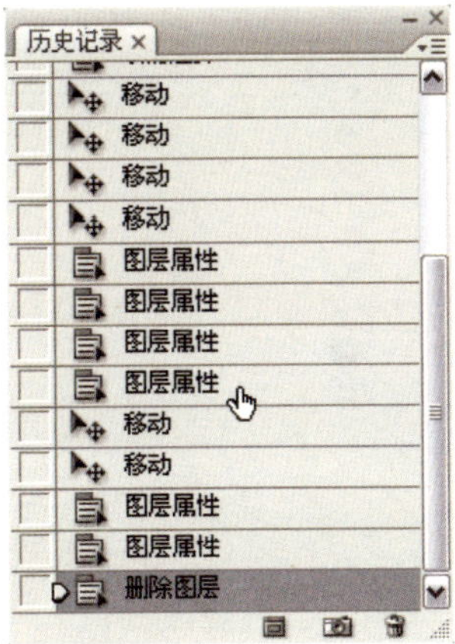

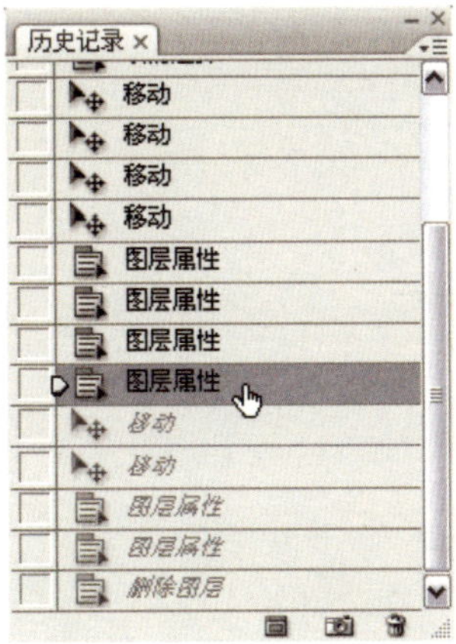

谨慎的人当然想要更多的历史记录，此时可以执行“**编辑/首选项/性能**”命令，将**历史记录状态**栏修改一下，最高可达 1000 条。不过如果您的电脑的内存空间不够的话，建议您还是别设定太多。

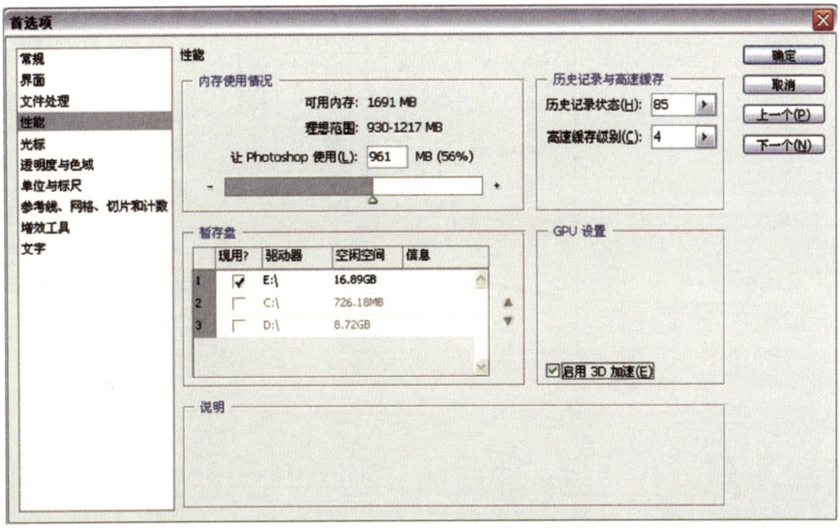

分享本书常用的工具与面板

常用的工具包括移动工具、选框工具、画笔工具、橡皮擦工具、文字工具、抓手工具及缩放工具等。

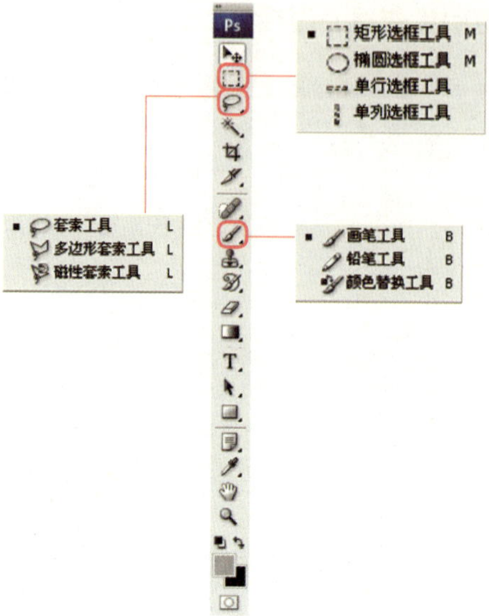

最常用的面板有图层面板、历史记录面板、导航器、颜色、色板、字符和画笔面板等。

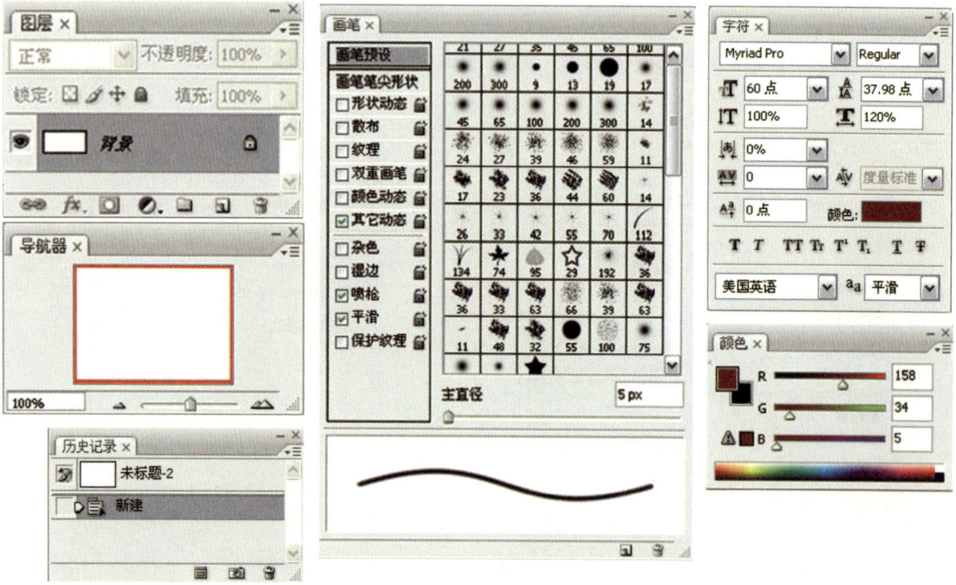

对 Photoshop 不熟悉也没关系，我们只要对画笔工具与图层概念熟悉即可。接下来，想制作什么样的手绘作品都可以。

参考 Adobe 网站对 Photoshop 的精彩功能介绍

链接至：

http://www.adobe.com/cn/products/photoshop/family/

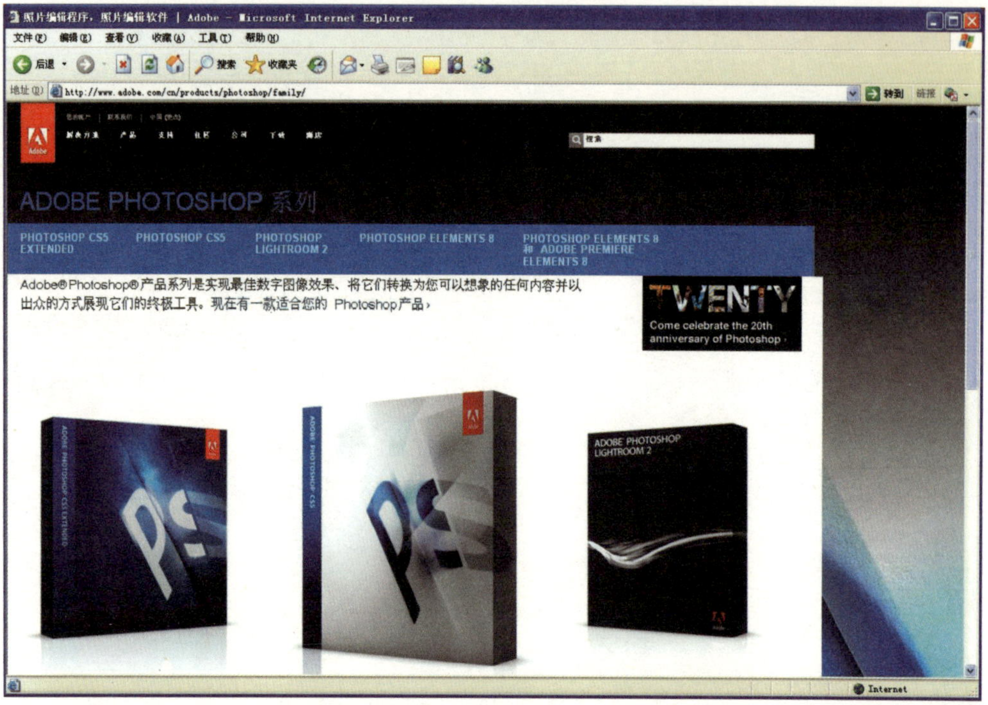

手绘板

该是它出手的时候了。

手绘板的妙用在于随手在板上绘画，随时可以重来，随时可以更新，顺着手写的动作，起承转合，鼠标丢一边，手绘板摆中间吧！

分享我的第一块手绘板

10 年前，我买了第一块不知名的手绘板，数码笔还需使用特殊电池，为了那个细长而罕见的电池，折腾了我好一阵子。后来，为了可以愉快地度过每一天，舍弃了与它共度的生活，购买了第二款手绘板 —— Wacom Graphire。

它既方便又实惠，虽然笔触不多变，但我用了足足 9 年。直到近期，该是让它功成身退的时候了。现在选择的是 Wacom Intuos 3，6X8 的尺寸让人悠游于笔画之间。

用鼠标写字不流畅　　手握书写顺畅多了

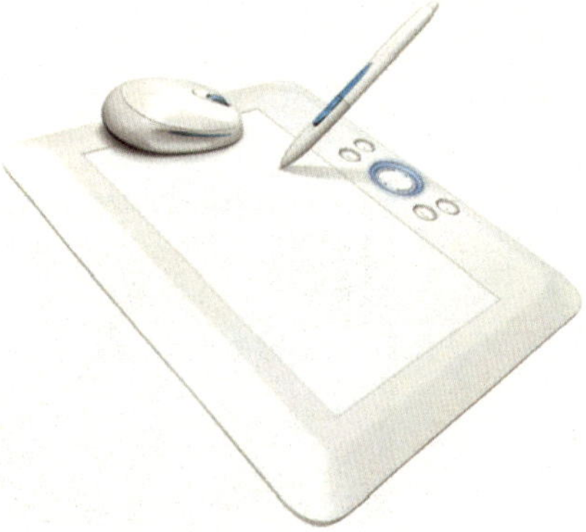

手绘板的选择

选择一款适合自己又经济实惠的手绘板，一定要精挑细选才行，把钱花在适合自己的物品上才是最重要的。

1 有预算的限制，能用就好： 入门 Graphire4.Bamboo.Bamboo FUN

2 功能完善，价格优惠，版面适中： 进阶 Intuos3~4，面板尺寸建议在 6X8 以上

手绘板与手写板是不一样的

手写板是专门为不会打字的朋友提供的手写工具，板面非常小，没有任何压感能力，所以所写出来的笔迹都是同等粗细。价格也相当便宜，可别因为便宜而买错了！

有趣的笔心

购买手绘板时，有些品牌会额外附赠笔心供使用者替换。就像换鞋一样，在适合的场合搭配适当的鞋，可以更好地展现主人的高雅或粗犷，笔心也有这种神奇的功能。Wacom Intuos 3 有三种不同的笔心：标准笔心、描画专用笔心及仿铅笔笔心。能够根据需要更换不同的笔心，实在太得人心了。

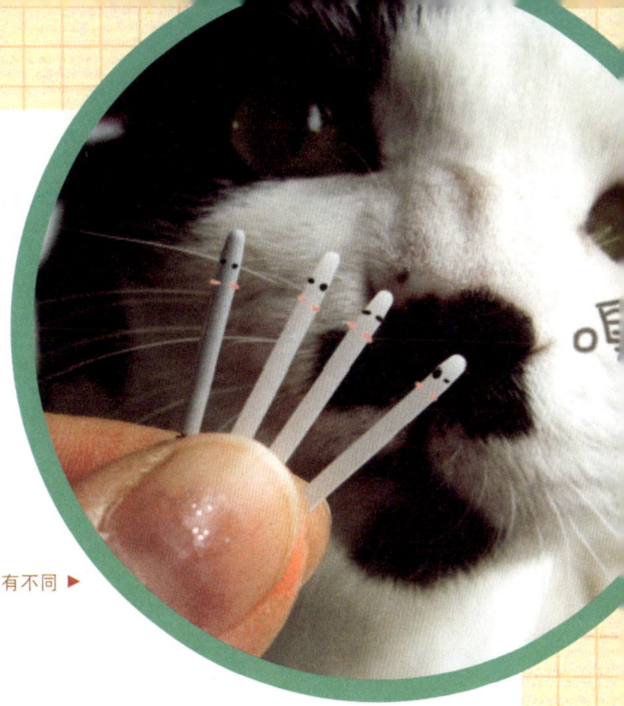

不同的笔心有不同的效果表现

压感笔最大特色——压感能力

如果您手上的**压感笔**一点都感觉不到**压力**，也就是当您随意在绘图板上画出一条线，从起点至终点都不见收勒的粗细质感，从头到尾只有一条同等宽度的线条时，那就表示您的**压感笔**没有**压感**功能，手写板就是这样的效果。

手绘板最重要的就是压感的敏锐度，敏锐度越高，画出来的线条越接近自然的笔触效果，真实感就越强。当然这也与产品的价格密切相关，目前还是十分推荐 Wacom Intuos 系列的感应能力，价格与敏感度都相当符合基础或进阶的朋友使用，重点是可以用很久很久。

无压感能力

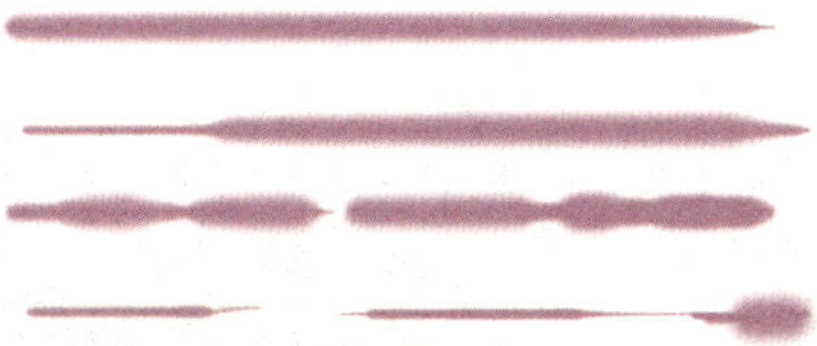

有压感能力

压感笔怎么用

会拿笔就会用压感笔，只是压感笔只能在绘图板上的绘图范围内画画，也可以像拿粉彩笔或碳笔一样斜擦。笔尖与绘图板感应的距离可以通过绘图板程序来调整至约5mm，这时候可不碰触绘图板来移动光标的位置。若不想移动，只要原地垂直离开感应范围就可以了。

有压感能力　　无压感能力

施加压力就像书法下笔一样的道理

就像毛笔在宣纸上的停顿一样，落笔的时间越长，吸收的水分越多，笔尖的部分颜色越深。如果选择的是**画笔工具**，会随着落笔与离笔的速度而产生顿挫，就会出现手写的效果，平滑且自然，这才叫**绘图笔**呀！

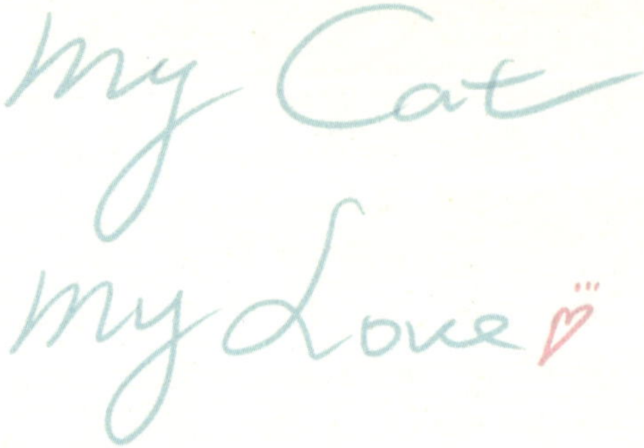

参考 Wacom 绘图板网站提供的技巧分享

无论您使用哪家的绘图板，在他们的官方网站上一定会提供相关使用介绍，这里以Wacom为范例，您可以链接至：

http://www.wacom.com.cn

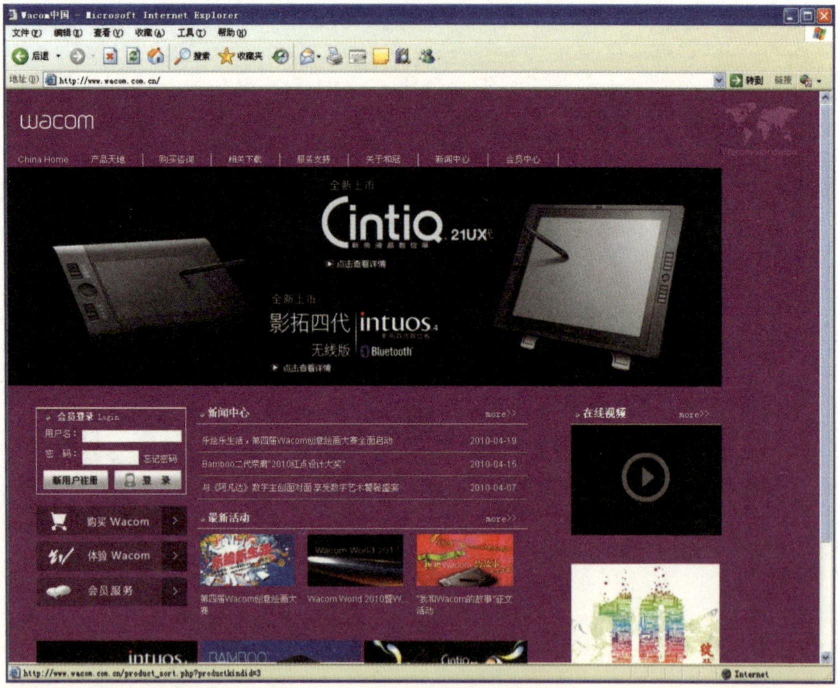

It's
← Me

Hi

UNIT 2

徐小妮 手绘·线条·试一试

我不是一个学设计或相关学科的女生，唯一受过的涂鸦训练是来自学生时代的语文、历史、政治等课上。只要我不想听，但一定又要睁开眼睛乖乖坐在教室里时，唯一能保持清醒且不违反上课秩序的事，就是在课本上涂鸦。那些被我用手绘加工过的历史人物，年代似乎离我不再遥远，就像是隔壁邻居老王一样，而关于他的故事，记忆起来也比较有温度。

离开学校之后，我们日常生活中最常见的就是一些随手拍的或有纪念性的相片。每次出游旅行时，我们总爱带着相机，希望能将过程中快乐的、难忘的情景，贪心地尽可能全部留下来。不过，往往留下的只是画面，当时的心情和故事，只有相机后面的那双眼睛知道而已。我们都不是大师，要用一个画面说完整个故事，真的太遥远、太难了。但是，只要加上简单的手绘，我们的相片就可以更有温度，所有的心情和故事都能保留下来，无论您想和全世界的人分享，还是只想自己收藏，都会是很棒的回忆。

手绘并不难，只要用不同的心态和角度来欣赏自己画的线条，线不直又怎样？比例不对又如何？

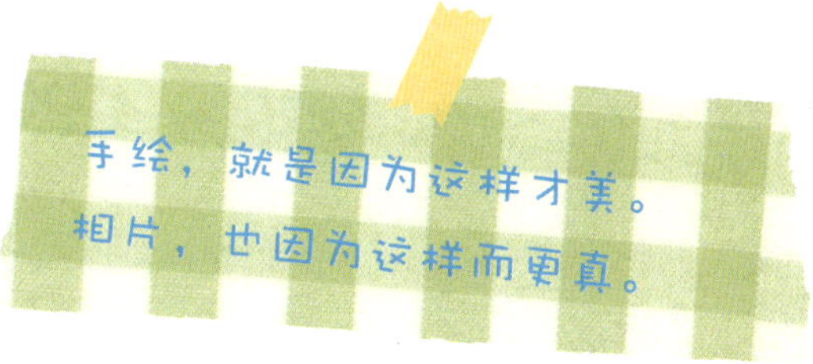

所以，请您带着喜悦与玩乐的心情，拿起您的笔，我们一起来暖暖身。

手绘人生的头三件事

请您启动 Photoshop，执行“**文件/新建**”命令。在本单元中，我们只要学会三件事就可以了。在**新建**对话框中的**名称**栏内键入文件名称“Try”，**宽度**设定 400 像素、**高度** 300 像素，**分辨率**为 72 像素/英寸，点击**确定**钮，即可开启一个新文件。

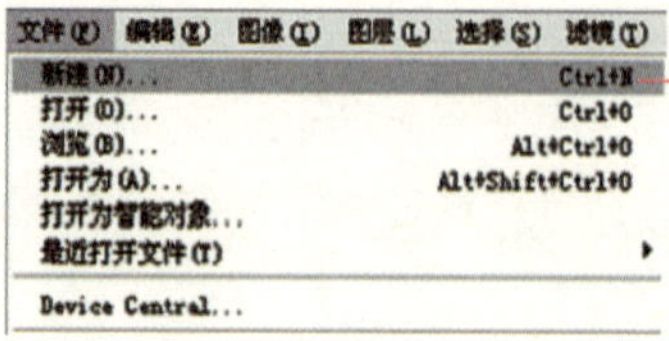

执行此命令

1 输入名称

4 点击**确定**钮

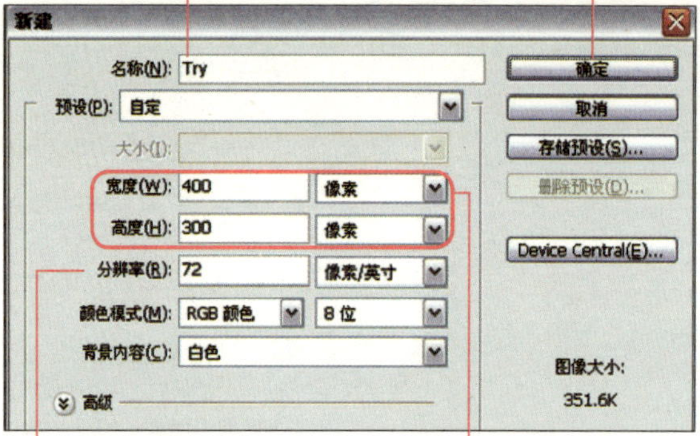

3 设定**分辨率**为 72 像素/英寸

2 设定**宽度**和**高度**值

开启了一个新文件

如果不喜欢这样的画笔陈列方式，您还可以选择其他的方式预览。

Step① 点击工具箱的**画笔工具**。

Step② 在**选项列**上点击画笔旁的向下箭头钮。

Step③ 按下画笔面板的向右箭头钮可切换其他检视方式。

第一　认识画笔

画笔的种类有很多，只要点一下旁边的小三角形，就可以浏览所有的画笔种类。

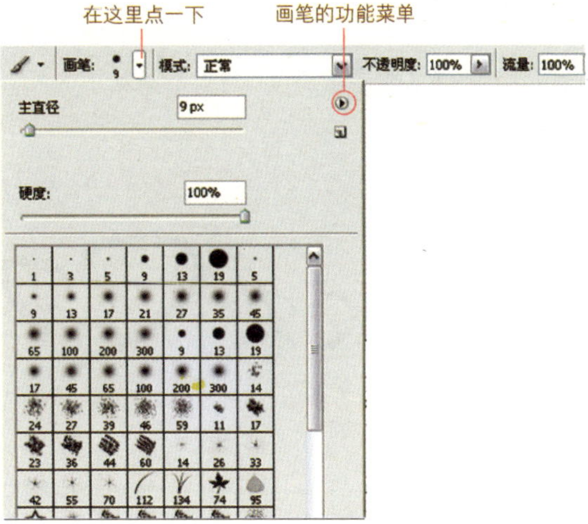

选择您喜欢的画笔，点选它恣意地在空白处乱画吧！您可以画线条，也可以画圆圈，多多尝试，每种画笔都很有特色。

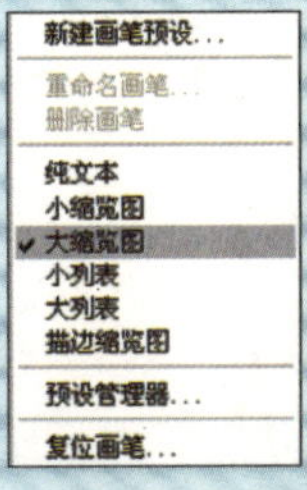

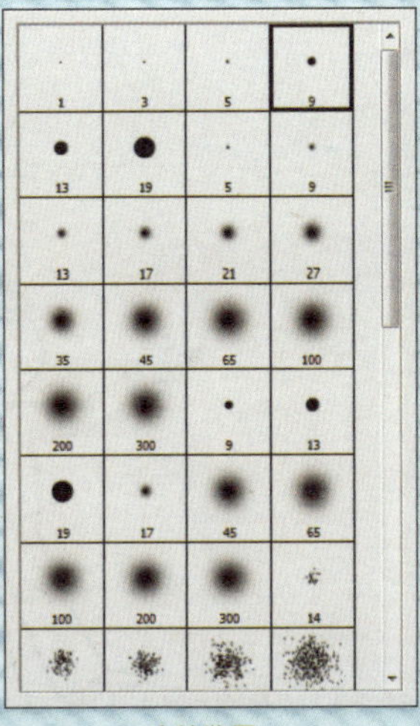
大缩览图

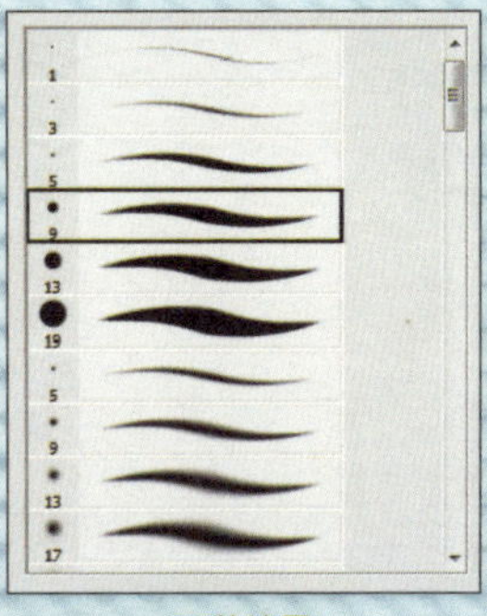
画笔缩图

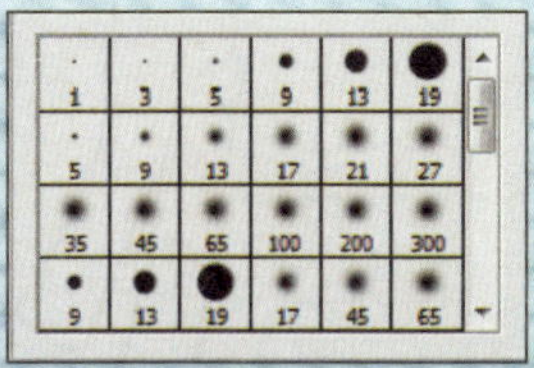
小缩览图

来练习吧

玩玩**画笔工具**画笔预设栏内设的画笔，练习绘图手感的同时，也能了解各种画笔表现出来的质感。

尖角 9 像素

尖角 19 像素

柔角 17 像素

柔角 27 像素

喷枪钢笔不透明描画 19 像素

喷枪柔边圆形 17 像素

喷溅 14 像素

粉笔 17 像素

星形 26 像素

沙丘草

草

散布枫叶

散布叶片

流星

绒毛球

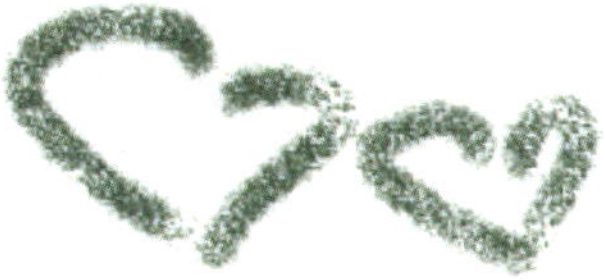
粉笔

干画笔尖浅描

小圆头水彩笔

粗圆形毛画笔

喷枪双重柔边圆形

いま、
会いにゆきます…

还有更进阶的

选定的画笔还能进行更多设定，如角度控制或是否加入纹理，丰富的笔触内容都可以通过执行“**窗口/画笔**”命令，在开启的**画笔**浮动窗口中进行调整。

别急着全部学会，我们会一步一步地满足您的求知欲。

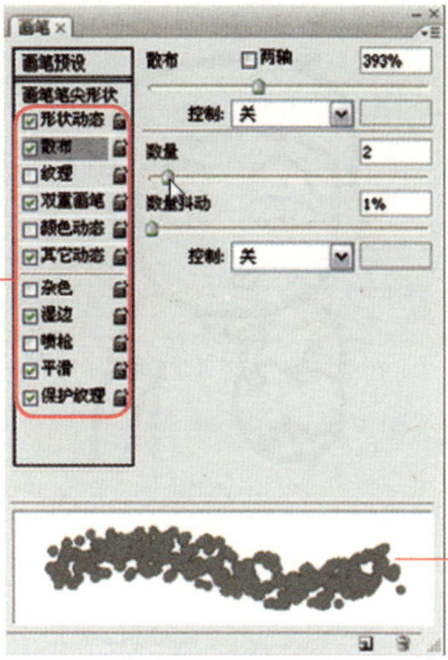

每个项目都可以调整设定

这里会显示最终的画笔样式

画笔对话框

帮我一个忙

执行“**文件/打开**”命令，开启随书附赠光盘里 “ch02”资料夹里准备好的一些 PSD 文件。初学乍练的您，麻烦帮我在下面的图上画出指定的图案。

1 执行此命令

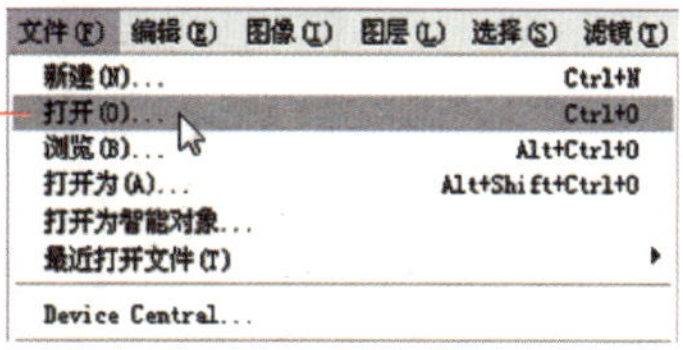

2 打开 ch02 资料夹

3 选取其中的一张

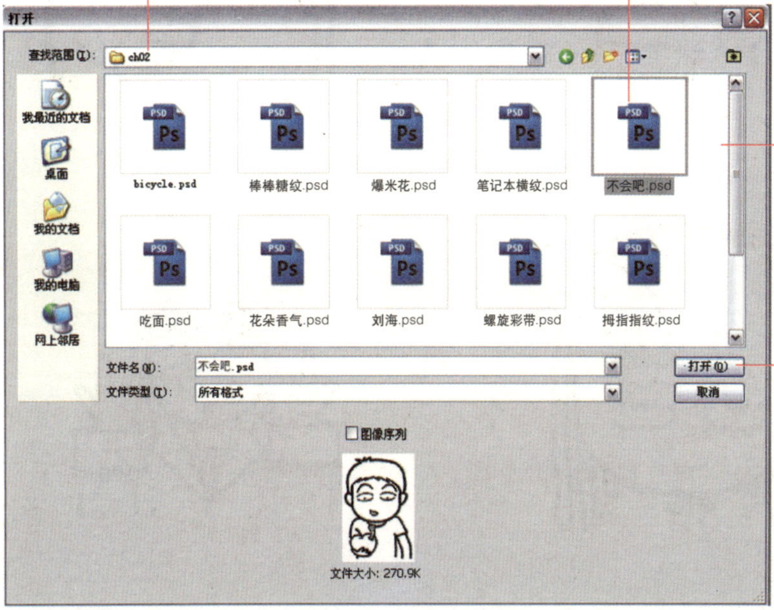

这些都是给大家练习手绘线条的文件

4 点击**打开**钮就可以开启文件来画画了

不会吧.psd
(练习直纹)

笔记本横纹.psd
(练习横纹)

棒棒糖纹.psd
(练习手写)

拇指指纹.psd
(练习回纹)

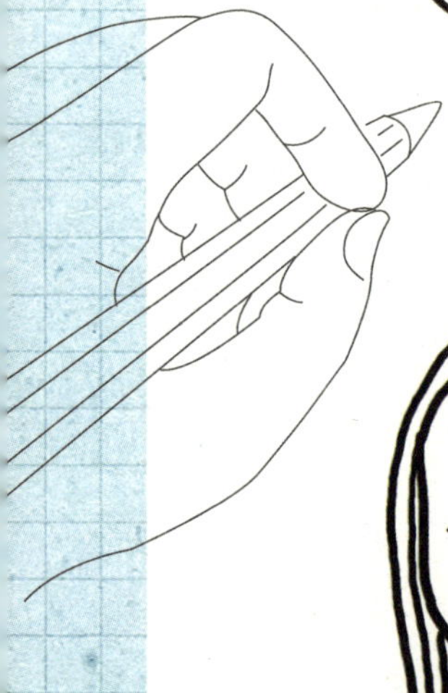

刘海.psd
(练习柔和线条)

一头蓬松卷发.psd
(练习螺旋)

闪电.psd
(练习用黄色色彩画出闪电)

下雨了.psd
(练习虚线)

螺旋彩带.psd
(练习曲线)

吃面.psd
(练习曲线)

爆米花.psd
(练习颗粒状画法)

花朵香气.psd
(练习半透明曲线)

第二　先别急着用橡皮擦

亲爱的，请放轻松，现在只是热身阶段，您不需要给自己那么大的压力！线画得不直无所谓，线条不完美也没关系。我们去文具店买笔、试笔时，有谁会用橡皮擦或涂改液修改呢？

不过，如果您真的很介意，甚至会影响画下一笔的心情，您可以按下 Ctrl + Z 键回到上一步，如果想再回到更前面的步骤，可以按 Ctrl + Alt + Z 键回复。

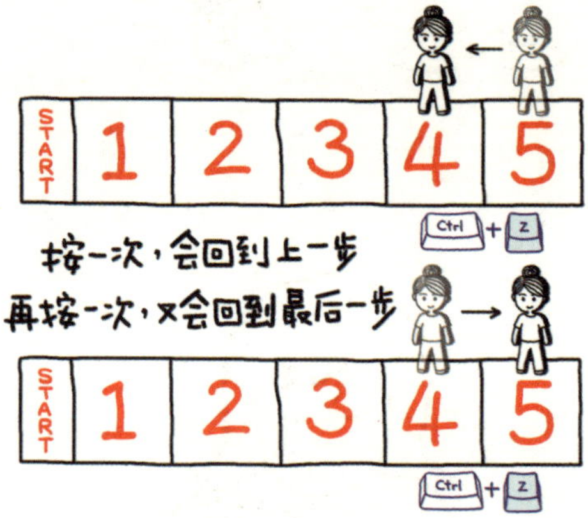

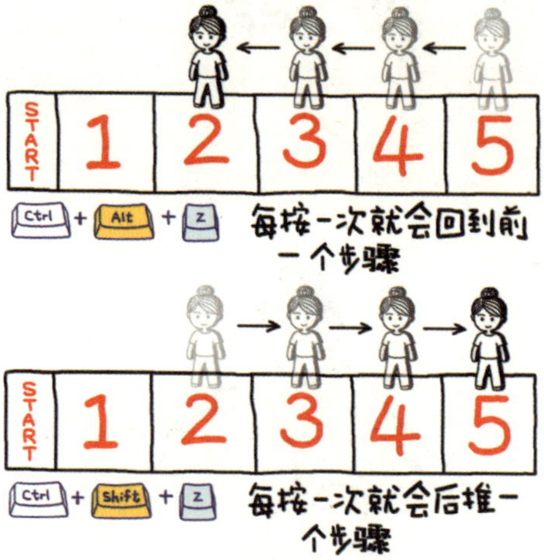

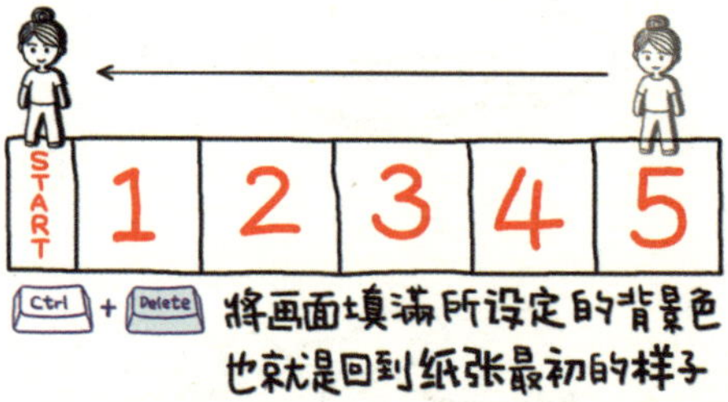

或者您想更干脆一点，换张新的画布也行。只要再次执行“**文件/新建**”命令开一个新文件或双击工具箱中的**背景色**色块，将**背景色**设成白色后按下 Ctrl + Enter 键，您就会拥有一张全新的空白纸张可用了。

第三　颜色的选取

试过画笔的触感后，再选个不同的颜色玩玩吧！工具箱中间的位置就是您的调色盘，左上角的方块代表**前景色**，即画笔的颜色；右下角的方块则代表**背景色**，也就是纸张的颜色。一般的预设值为**前景色**是黑色，而**背景色**为白色，快捷键为 D。也就是说不管您把**前景色**或**背景色**设定成什么颜色，只要按下键盘上的 D 键，**前景色**就会恢复成黑色，而**背景色**也会变成白色。

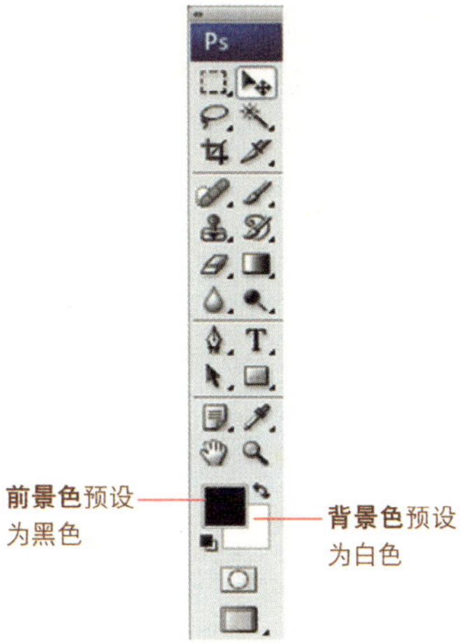

颜色的变换有下列几种方法，请执行“**窗口/颜色**”命令开启**颜色**对话框。

1 在颜色 Bar 上移动吸管点选所需要的颜色。

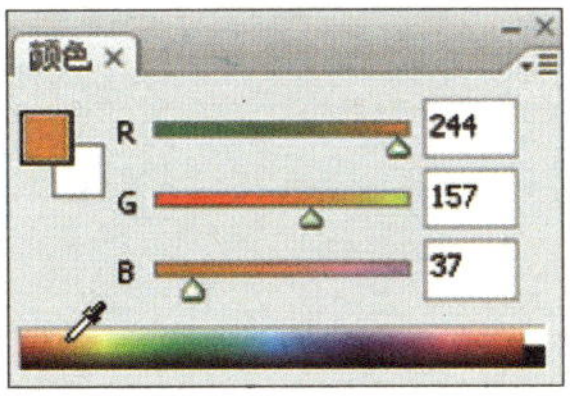

2 使用光标拉曳来改变颜色。

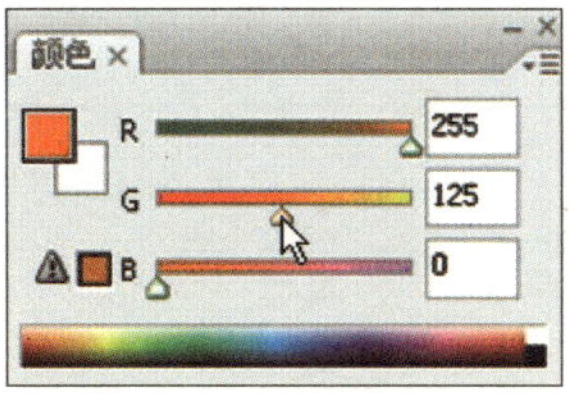

3 点击**前景色**方块，使用**拾色器**对话框选择所需要的颜色后，点击**确定**钮。

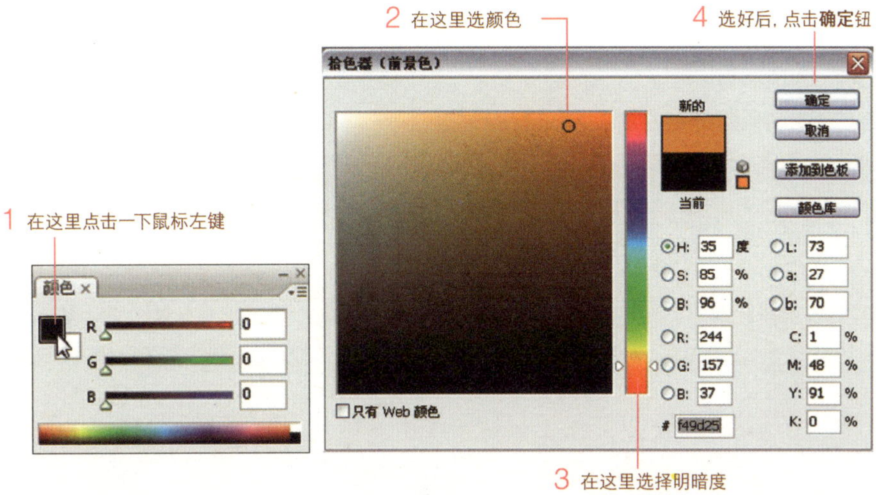

画完了如何保存

画完了记得要保存呀，不然一切努力都会变成“回忆”的。文件的保存也很有学问，依手绘作品的应用范围选择适合的保存格式，每种格式的特性都不同，先认识一下常见的文件格式再保存文件吧！

PSD

PSD是 Photoshop 的专属文件格式，可以完整保留 Photoshop 里的图层与文字属性，以便将来再次进行修改和编辑。

PSD一般为保留原始文件使用，仅在 Photoshop 里进行编辑再转存成其他格式。

JPEG

JPEG是一种“破坏”性的文件格式，提供文件压缩功能，删除部分影像信息来降低文件大小，以便用于传输使用。失真程度可以微调，失真程度越高，影像品质越低，但文件就越小。

JPEG是数码相机常用的文件格式，也是网络等非印刷制品的使用格式。

TIF

TIF为完全不失真的影像格式，可保留影像的完整信息，但文件会很大，多半应用于印刷方面，配合纸张与阅读需求，选择适合的分辨率。例如，杂志刊物使用的是 300dpi 品质，送印的色彩需求应调整为 CMYK 印刷色。

TIF是印刷出版、高品质图库光盘及数码相机中为保留完整影像色彩时使用的文件格式。

GIF

GIF是记录色彩数值最低的文件格式，可制作透明背景色的影像与制成动画效果，色彩数仅提供 256 色，适用于影像只是单纯的线条、色块、文字或为了保持色彩边缘清晰时使用。

应用于网络、制作动态影像、透明背景效果的 GIF 影像，可与有色背景相融合。

储存文件的建议

图画完了，最重要的就是要怎样将作品完美地保留下来，最好能方便将来再次修改，不管以后要转存成什么格式，都可以自由转换。

留个原始文件在身边

在 Photoshop 里若应用到图层或建立文字和色块等，建议您将文件存成其他格式时，先执行“**文件/存储**”命令，记得在**格式**中选择“PSD”，这样才能完整地保留属性。

2 选择要存放文件的文件夹

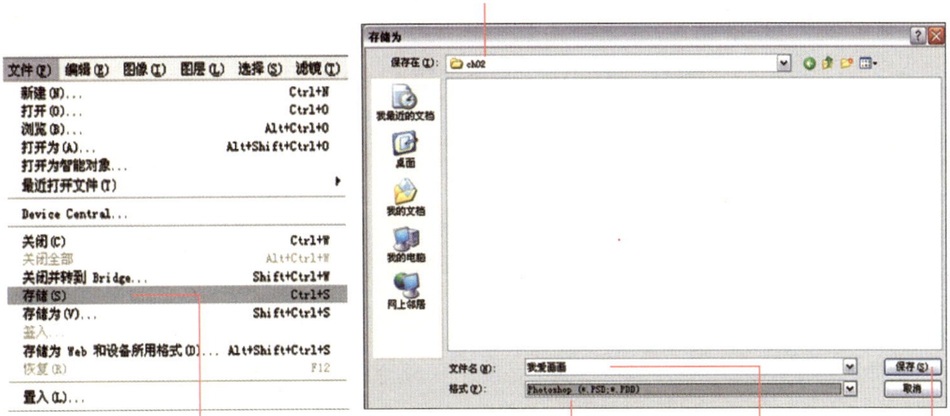

1 执行此命令　　4 设定文件格式　　3 取一个好记的名称　　5 按下**保存**钮

记得一件事，既然要保留图层的属性，可别将图层合并后再存成 PSD 档，那就真没救了！

存成 JPEG 以便分享

因为 JPEG 应用的范围相当广泛，为了方便在网络上传送或朋友间欣赏，我们建议执行“**文件/存储为**”命令，在**格式**选项中选择“JPEG”。当您按下**保存**钮后，会另外开启 **JPEG选项**对话框，就可以调整影像品质。建议品质调整为“8 ～ 10”，不要低于 8，以免失真过度。

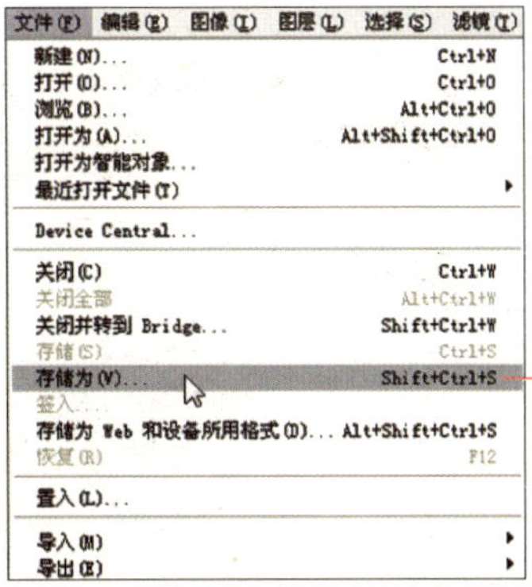

1 执行此命令

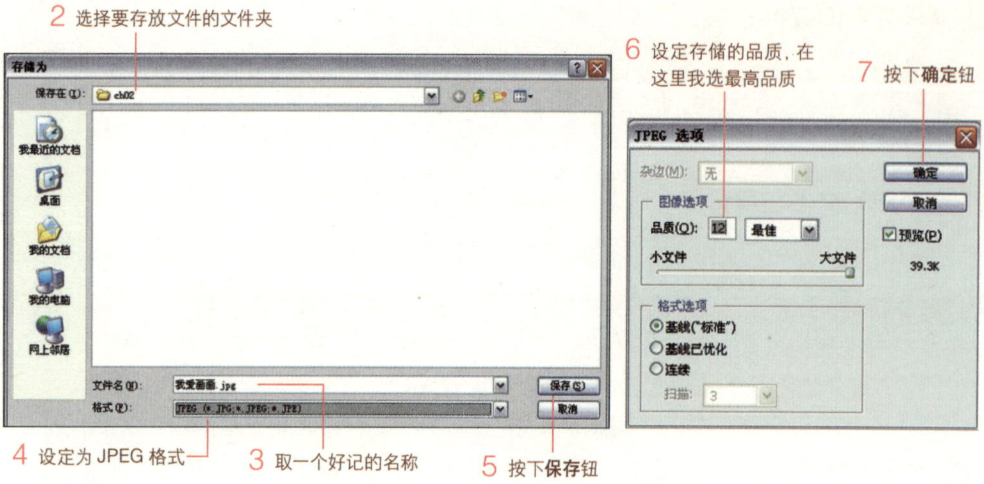

玩游戏

接下来让我们玩点有趣的小游戏，在我们玩游戏之前，希望您能将所有的画笔都试过一次，选出一支最有感觉的画笔和最喜欢的颜色，准备好了吗？那就一起来玩游戏吧！

开启随书附赠光盘 ch02 文件夹，打开文件名为“bicycle.psd”的图片。

留白的区域
就交给您了

打开这张相片

游戏规则

选用您最爱的画笔和颜色，发挥创意和想像力，在脚踏车后随意加上涂鸦吧！

除了一般的画笔，您还可以试试以下技巧。

高级技巧一　调整画笔

选择**喷枪柔边圆形 100 像素**的画笔后，执行“**窗口/画笔**”命令开启**画笔**面板，在**散布**项目的旁边一下，调整出想要的散布距离，就能产生雪花般亮晶晶的效果。除此之外，其他选项您也可以自己玩玩看。

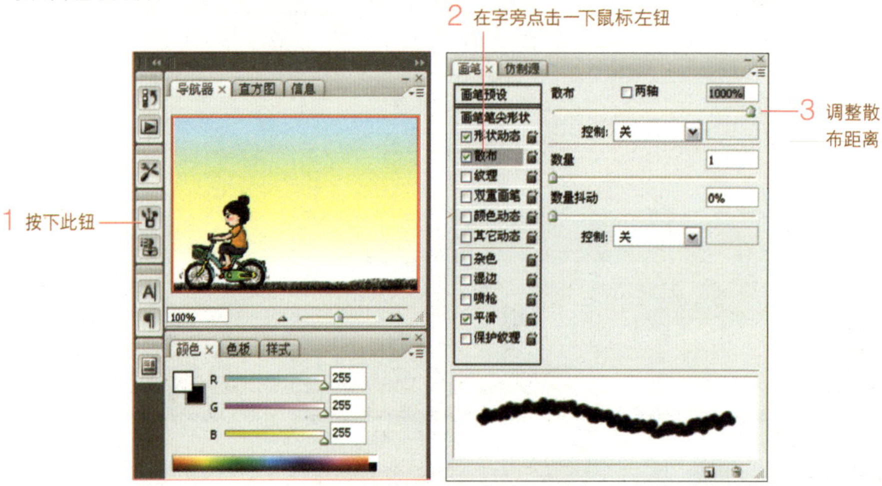

画出雪花般亮晶晶的效果

高级技巧二　自制画笔

执行“**文件/新建**”命令，不用太大，200 × 200 即可，画一个自己喜欢的图案后，再执行“**编辑/定义画笔预设**”命令，在**定义画笔预设**对话框中为自己的画笔命名后点击**确定**钮，您就拥有独一无二的笔刷了！

只能画一笔，是不是有意犹未尽的感觉？那您还等什么？喜欢就再多画几笔吧！

UNIT 3

手绘·彩虹·叠上去

每次在相片上直接用彩笔涂鸦时，我都会想起小时候的书法课。期中时，书法老师总会要全班同学交一份作业去参加比赛。

就算要比赛，也不多发几张纸，老师每次都只给一张连格子都没印的白纸，虽然他没规定一定要写什么内容，只要求我们思考、练习、再下笔，可人生就是这么有趣，计划本想写个气质满满的 “梅、兰、竹、菊”(惊喜总是在这个时候出现)，才刚要下笔就出糗，我只好将原本想写的梅、兰、竹、菊，变成这四个字——臭气冲天!

我们的相片是比宣纸珍贵好几百倍的素材，如果要这样玩，下的赌注也太大了!

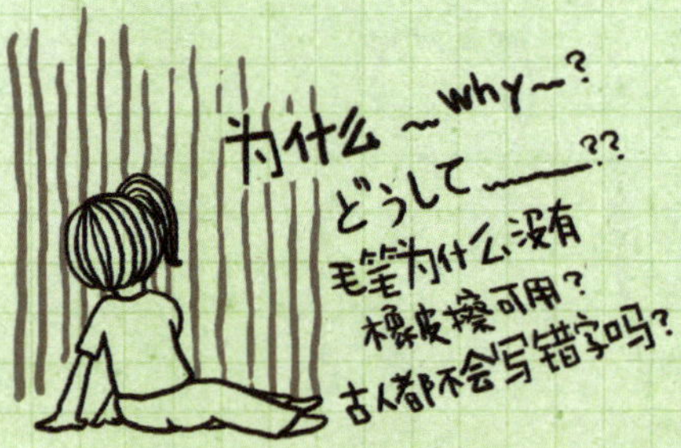

当然现在一切数字化，就算画错、写错，我们也有时光机—— Ctrl + Alt + Z 快捷键可以帮我们回到好几个步骤之前去修正，不过若您只想微调，擦掉多余的线条或试试加上物件的效果时，下面的这个技巧，您一定要学会，因为它实在太好用了!

用相片过个暖暖的白色圣诞

记得在某年圣诞节前夕，我得了重感冒，病恹恹地躺了几天后，我决定在圣诞节那天出去走走，晒晒太阳。空气虽然冰凉，但天空是晴朗的。我挑了一个晒得到阳光的座位，点了一杯热牛奶，喝下第一口，就像彩虹出现一样，不仅暖了我的胃，也暖了我的心，人生瞬间有了色彩，有种超级幸福的感觉。这张相片就是那幸福的瞬间，通过图层，我们一起将那天的温暖，一层一层的重现。^_^

1. 启动 Photoshop，执行“**文件/打开**”命令，开启 ch04 文件夹中的“hotmilk.jpg”文件。

2. 执行“**窗口/图层**”命令开启**图层**面板，按下右下方的 钮建立一个新图层。

“hotmilk.jpg”

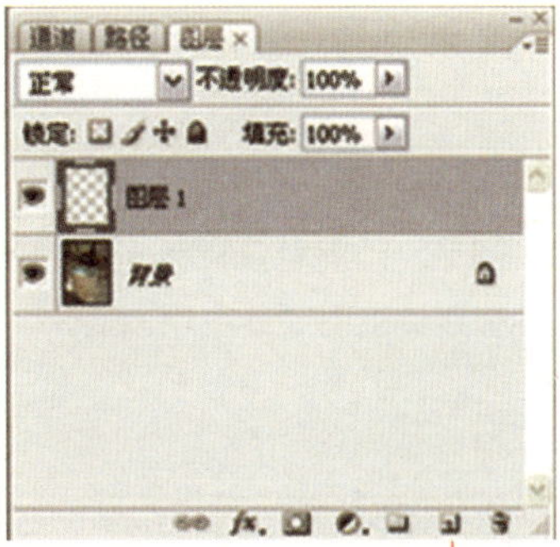

按下这个钮

3 图层虽然好用，但也要善加管理，如果没做好管理，有时要找个物件就像大海捞针一样。只要在**图层**面板的**图层 1** 上双击鼠标左键，便可以替图层重新命名了。

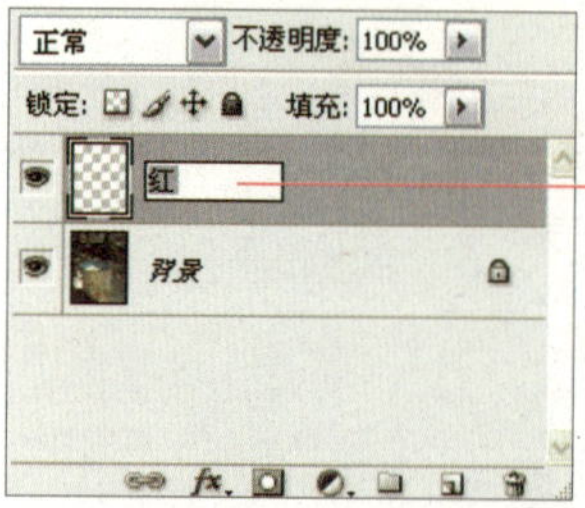

4 用上面教的方法建立七个图层，分别以彩虹的七种颜色来命名。我们就从最上面的那层画起吧！在**图层**面板上点一下**紫**图层，然后在画面中画出一条紫色的弧线。

图层的作用

您可以一层画花，一层画心形。万一画坏了，还可以点击**橡皮擦工具**（或按快捷键 E ）修正，不会破坏原本的底图。在窗口上您看到的图案是这样的——如右图。但实际上，您已经在原本的相片上加了两张透明的纸（如左图）。

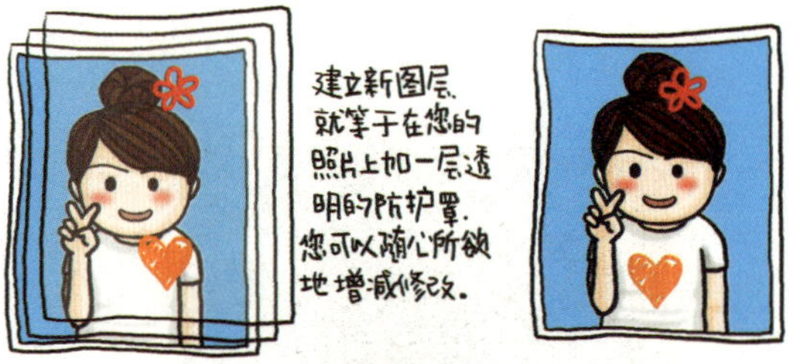

有了图层，您就可以肆无忌惮地加东西上去，很多线条都可以大胆地尝试。

NEXT

5 按一下**靛**图层，画出一条深蓝色的弧线，依此类推，重复上述动作。看，一道漂亮的彩虹就出现了。

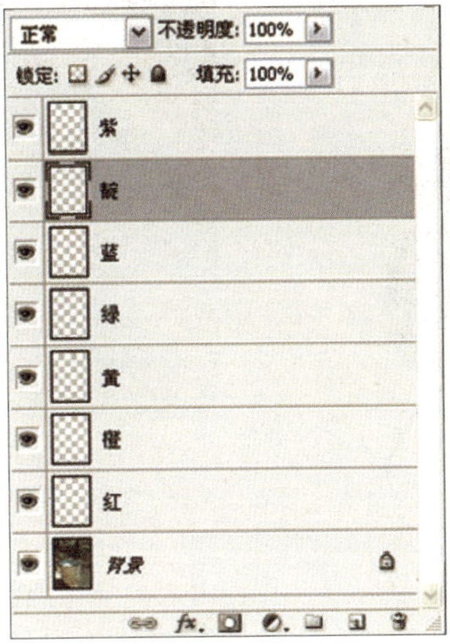

分别点选七个图层，一一画出不同颜色的弧线

6 彩虹可以再可爱一点，加个图层，让它笑一下吧！

新增一个图层，在画面中画出笑脸

点击图层旁边的眼睛图示来观察，看看自己画的东西是否有增加的必要性。当有不需要的图层时，别担心，只要将不要的图层按住，拖曳至右下角的垃圾桶图示上就可以了。

眼睛的显示与否表示图层是否要显现内容

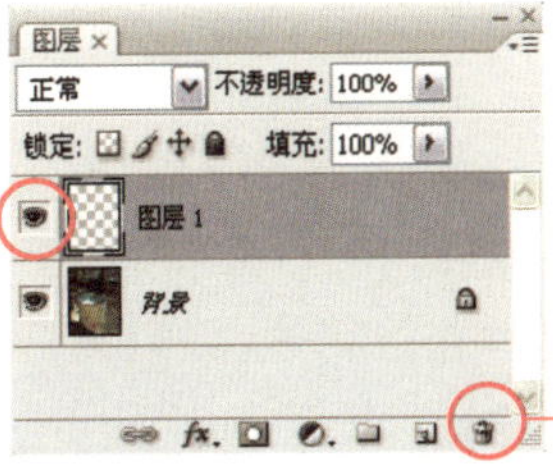

将不要的图层丢进垃圾桶

7 圣诞节怎么可以没有装饰的星星呢？来挂上几颗吧！再增加一个图层，画出星星的线条，要为星星着色时，图层需加在下方。

移动图层的位置很简单，只要按住想移动的图层，向上或向下拖曳即可

8 另外，图层还有一个很棒的功能，就是调整**不透明度**这个功能，可以让您刚刚上的颜色产生透明感。进行到这里您一定发现了，每增加一个物件，就要增加一个图层，不管是画线条还是上色，有了图层真方便。

可以在此调整出具有透明感

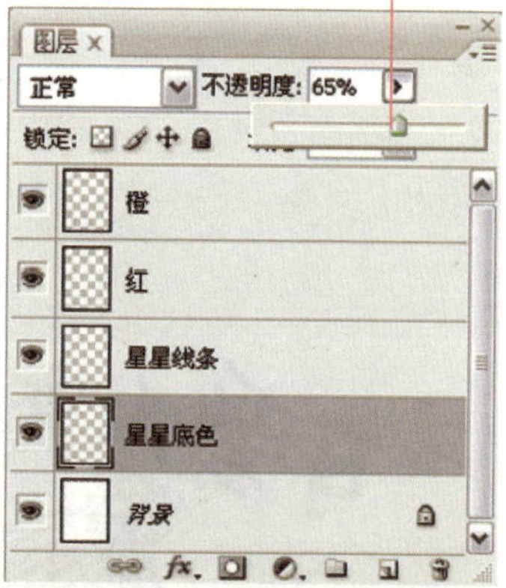

9 这一步，我不告诉您，希望您还记得这个单元我说过的高级技巧。

10 由于天空在飘雪，桌面和杯缘上也应该有积雪的痕迹，这里我使用了**喷枪柔边圆形65素像**的画笔，而且将**不透明度**调整至 50%，将雪一层一层地加上去。

加上积雪 ▶

调整好画笔的设定

11 接下来在背景，也就是最下面那个图层上新增图层，使用同样的画笔，将**不透明度**调整至 20%，让背景也产生雾茫茫的感觉。这样是不是更完整了呢?

玩个小游戏

故事进行到这里已经接近尾声了，棒子要交给您了！本章的小游戏就是要您发挥创意，把我没说完的故事讲完。您可以加图，也可以加字，随心所欲地添加。

执行“**文件/打开**”命令，开启随书附赠光盘中的“完结篇.jpg”文件动手 DIY，和图层做个好朋友吧！

作品完成后，可以打印出来制成卡片或明信片，收到的人也一定能感受到您想传递的感情和温度！

此外，图片上的字除了手绘，您还可以这样试一试。点选工具列中的**文字工具** T（或使用快捷键 T ），将光标移至要加字的地方，打上文字后按下键盘上的 Enter 键。

若要改变文字的角度，可按下 Ctrl + T 键，通过调整文字四角的控点来改变。动手玩玩吧！

Smile

Wanna play?

痛！
谁咬我？

Smile
100%
HAPPINESS

HAPPY
HALLOWEEN

J'attends...

I love my life

a cup of happiness

干一杯!

How are you?
げんき?

一起来试看看吧!

UNIT 4

好久好久以前，

有一个灰姑娘叫辛黛瑞拉，

脏脏的衣服、粗粗的手。

当她穿上玻璃鞋后，

灰姑娘从此穿上礼服，

与王子手牵着手，走进城堡，

过着幸福美丽的日子。

灰姑娘后来呢，

我想，是过着高贵的

家庭主妇般的日子吧……

卡布妮妮

灰姑娘的玻璃鞋

我常常觉得我的食指与快门有正负极磁性的吸引，常常像电影《伊丽莎白小镇》的女主角 Kirsten Dunst 一样，会把想要留下来的背影对着空气**咔嚓**下来。只是我比较实际一点，手上一定要有相机，不过带有照相功能的手机也是一种选择。

说实在的，拍烂的相片似乎总比好的相片多，不是震动，就是对焦错了或没选好主题就急着胡乱拍。虽然现在数码相机很好用，但也要学会好好用才行。

一整堆的烂相片

其实相片觉得拍得差，往往是因为焦点全在相片的每个细节上，如果利用手绘图画来转移焦点，就能让画面变得更有趣，而且还能让这些原本以为拍坏了的相片变得理所当然，就是要这样的感觉！

随书附赠的光盘里为您准备了一堆平凡普通的相片，您可以从里面挑一张出来天马行空地联想，也可以跟着我开启光盘 ch04 资料夹中的 jpg 文件，一起来玩简单的手绘线条。

告诉你，这世上没有绝对的事，

没有这样拍照最好，

没有这样画图最好，

没有这样生活最好。

enjoy 你拥有的一切，最好……

属于小笼包的对话

我爱小笼包.

尤其是把笼盖掀起时的那水蒸气，

好像小笼包从一团迷雾中现身的神秘感，

它们像圆桌武士那样地团团围坐着。

我似乎听到它们彼此的谈话，

您先请吧!

不不不，还是您先请……

记录完小笼包，重点还是把它们吃掉!

1 在室内随手拍下的小笼包，因为光线不充足，使小笼包看起来好像很没精神，咱们就加点活力吧！开启随书附赠光盘 ch04 资料夹中的“小笼包.jpg”文件后，执行“**图像/调整/曲线**”命令，按住右上方的控制线向上移动一些，可以提高整体明度；按住左下方控制线向下移动，可以让相片暗处变得更暗，画面的对比度也跟着变强。

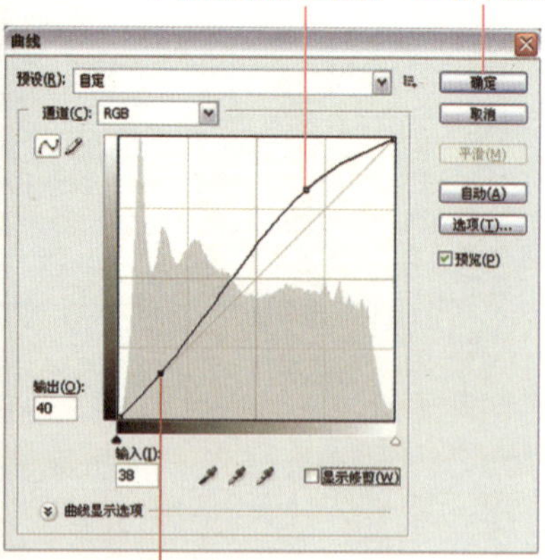

2 这才是有精神的小笼包呀!

3 点击 钮，新增一个图层，在**图层**对话框上双击新添加的图层，将图层的名称改为“五官”。选取工具箱中的**画笔工具**，**前景色**设为白色，选取您喜欢的色彩画出眼睛与五官。在此您也可以少许增添一些五官的变化与角度，瞬间小笼包就变得超可爱！ ^^

4 在**图层**对话框上再新增一个**文字**图层，一样使用白色的画笔写出文字内容，如“Talking Time”。

再新增一个**文字**图层

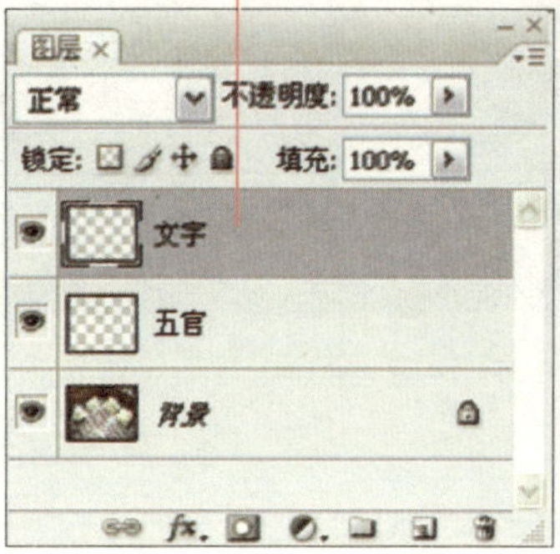

用画笔写出文字

5 为了让文字在画面上能更突显，我想如果在文字的四周加点外框，效果应该很不错。这时点选**图层**对话框的**文字**图层，然后按下对话框左下方的**添加图层样式**钮 fx，在出现的菜单中选择“**描边**”选项。

6 接着调整在图形四周所出现的外框宽度。对话框中的**大小**滑杆可以控制笔画的宽度，而**位置**这个项目可以设定外框是要加在图形的内侧还是外侧。

将**大小**调至 10　　**位置**设为**外部**

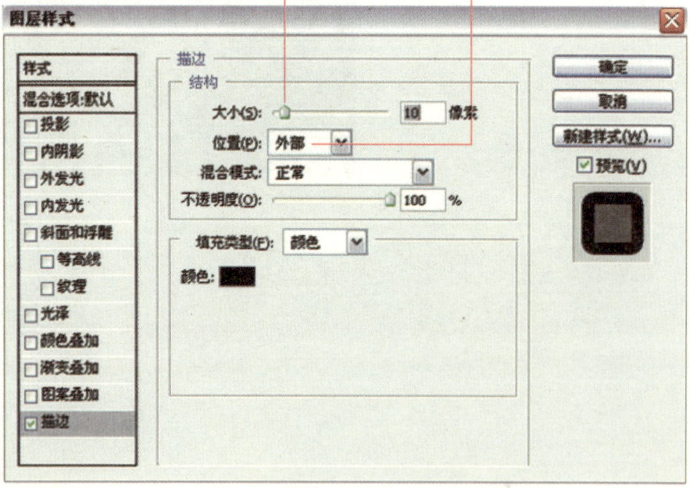

7 在对话框中点一下**颜色**色块，就会出现**选取描边颜色**对话框。先选择色相，再选择明暗度，就可以按**确定**钮。

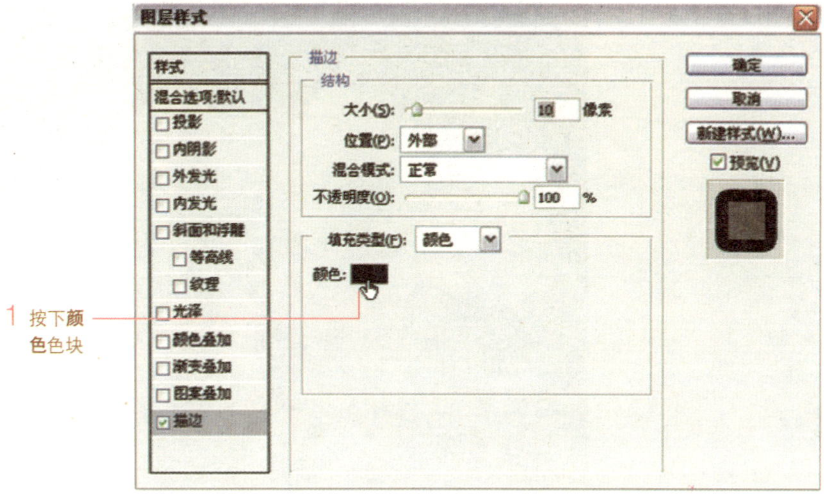

8 设定好颜色后回到此对话框按下**确定**钮。

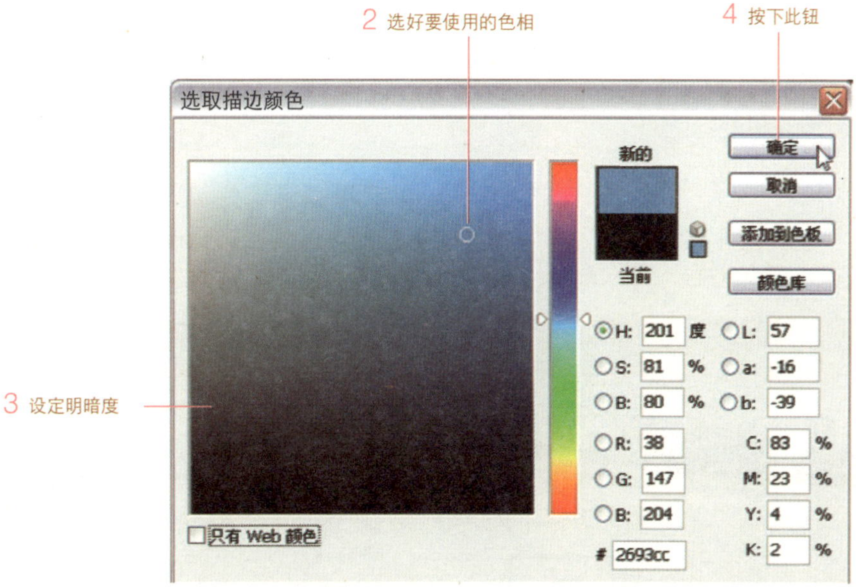

9 只要图层上面有加入图层样式，图层下方就会列出您所选用的样式效果如何，相当贴心的设计！小笼包的对话完成了，现在，该吃掉那一个呢？

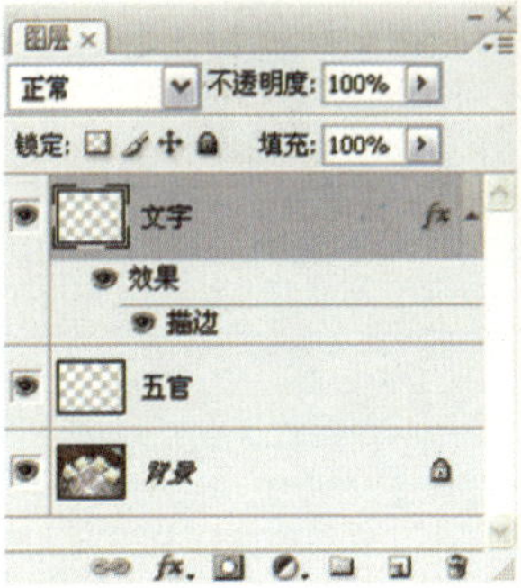

HEY！地球人~

今天好吗？

幸福公园里找到幸福了吗？

我住在北海岸，

骑着车到处去拍照是我的精神食粮。

那天我看到台风来临之前的一个蓝天，

云层厚得让人连呼吸都会感到浓浓的压力，

透出来的蓝天，

好像是被谁故意拨开似的，

想偷窥在白云底下的蚂蚁世界。

1 在随书附赠光盘 ch04 资料夹中的“幸福.jpg”文件中打开这张相片。晴天时，拍什么相片都好看，都能很漂亮地呈现当时的色彩。不过稍微修饰一下会更完美。执行“**图像/调整/色阶**”命令，点击**自动**钮，就可以自动调整相片中最亮与最暗的地方，看看蓝天是否变得更蓝了呢？

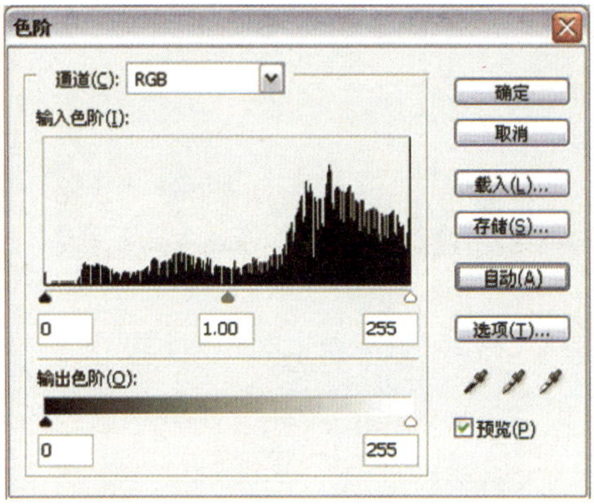

2 新增一个空白图层，我们选用白色的画笔在图层上画画。选择一个比较细的画笔尺寸，画出一个猫咪外星人手扶着白云向下看的图案。我喜欢用白色线条画画，因为相片的色彩够丰富、漂亮了，不需要再有太多的颜色来抢相片的风采。接下来选择较粗一些的的画笔尺寸，在选项列上将**不透明度**设低一些(如 26)，在外星人的轮廓下新增一个图层，沿着外星人的轮廓画出一圈不透明的画笔痕迹，看起来就像一个有造型的泡泡一样，浮在天空中。

3 再缩小一下画笔的尺寸，沿着外星人的轮廓再画上一圈，立体效果更明显。

4 招呼语来个法式问候也不错呀！“Bonjour！（你好）”

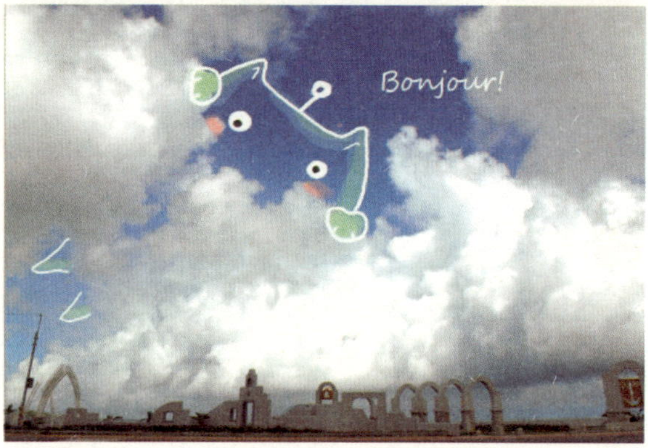

5 在文字下方补个不透明度的画笔，加二三层不透明的叠放，是一个很简单的立体感觉呈现方式。

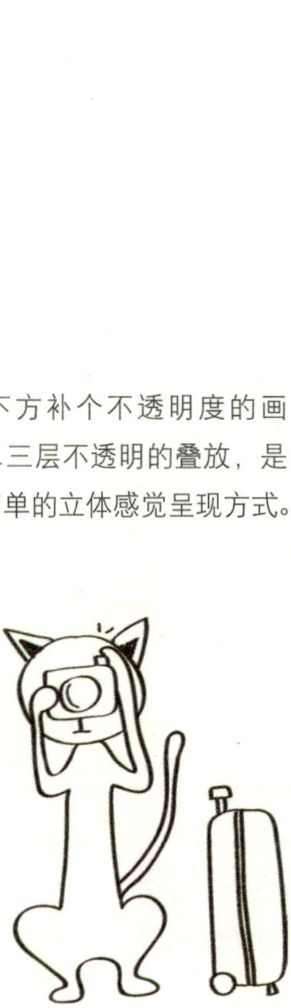

小丑

我是个小丑，

搞笑是我伪装自己的道具。

你会喜欢我红红的鼻子，
大大的嘴巴，还有傻傻的样子。

但我不一定是这样，
我喜欢的或许是安静，妆容下的自己，

目的只是不想让你敲我的大门，

等待你笑笑之后，无所谓地离去。

1 好朋友小米丢下她满身的伤痕离开英国，回到故乡。常常看着她傻笑的样子，就像小丑一样，收起悲伤，让人快乐。

随书附赠光盘里 ch04\小丑.jpg 文件，就有这位小笨蛋的相片

2 相片的比例为 4：3，为了突破有限的框框，我们设定一个自创的尺寸。执行“**图像/画布大小**”命令，将相片放在左方，点击**定位**项目左方的第二个方块，将单位改为**像素**选项，勾选**画布扩展颜色**，增加了 500 像素的宽度，多出来的画布扩展颜色为**白色**。

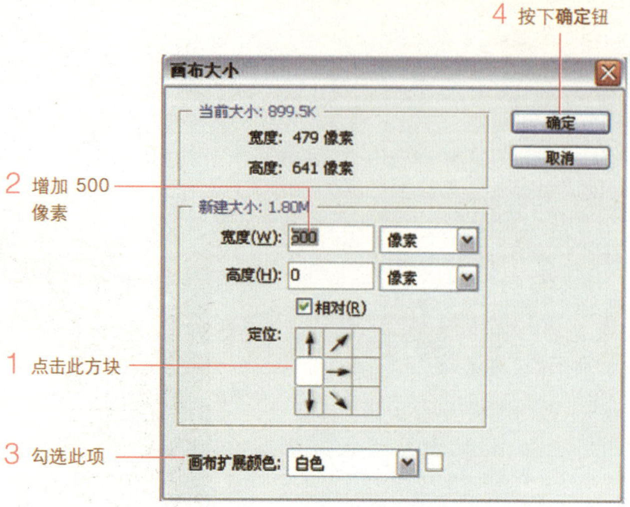

3 有了这 500 像素的白色画布，将相片放在画布的左方，右方就能用来题字了。

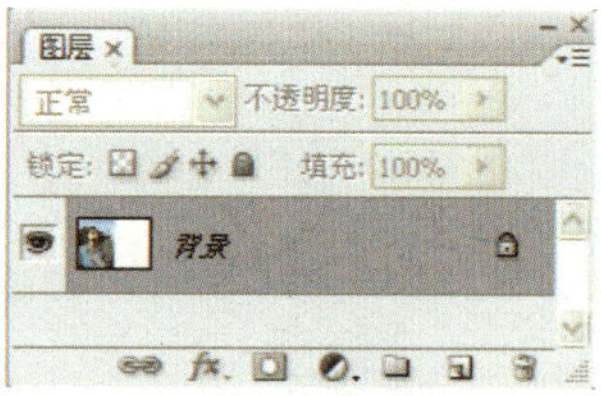

多了一部分空间

4 新增一个空白图层，准备画出小丑的红鼻子。设定工具箱里的**前景色**为红色，画笔选项列中将**不透明度**设为 55%。

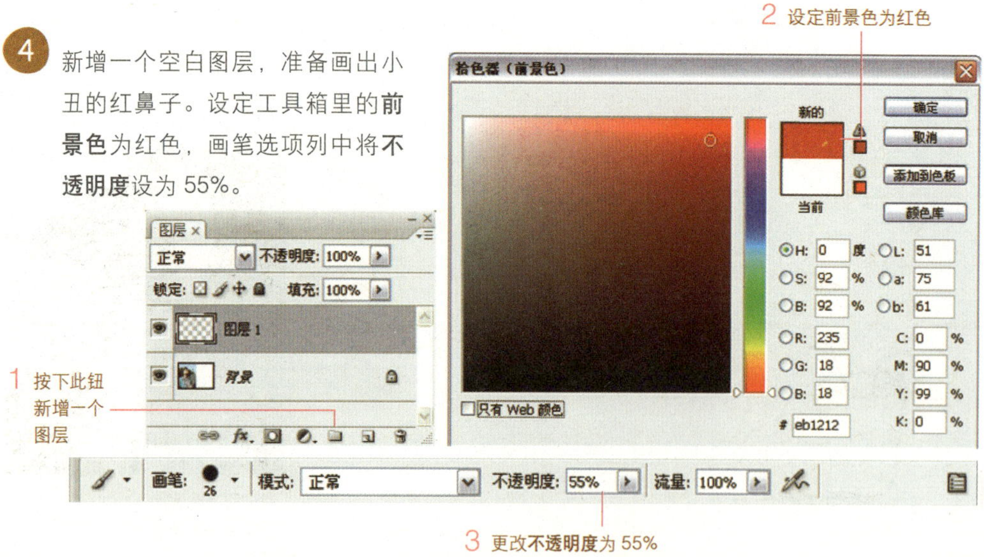

5 点选新增的图层，然后在画面中小米的鼻子上慢慢地涂上一个圆。

6 因为降低了画笔的**不透明度**，才有办法画出具有立体感的鼻子来，接下来换个深一些的红色，加强圆球鼻子的立体效果。再换个白色，点出光线反射的位置。

加强立体效果

点上反光

7 新增**嘴巴**图层，用白色在小米的嘴上画出小丑的脸谱。

画上小丑脸谱

新增一个**嘴巴**图层

8 小丑的眼泪似乎说明了一切，悲伤的小丑需要一个新的图层，把蓝色的眼泪加在眼睛下方。因为眼泪只是象征性的图案，所以仅加一边就好，若两边都加的话就太漫画了。

画上蓝色的眼泪

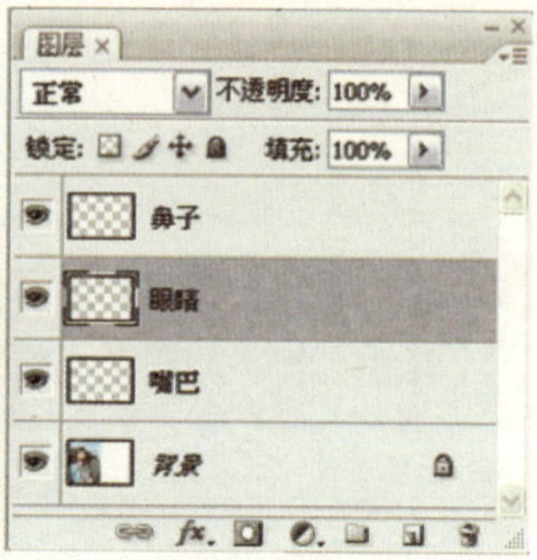

再新增一图层

9 为了保留小米原来的相貌轮廓，所以只再新增一个空白图层，然后用白色画笔把小丑的帽子轮廓画出来。

画上小丑的帽子轮廓

10 这个不成熟的举动，引来了两个路人的观看。新增一个新的图层，同样用白色画笔把路人看热闹的表情也画进来。喔，少了一点东西……

再新增一个图层，画出两个路人

11 没有正午的阴影，就没有真实性。于是再新增一个图层，加点灰色的阴影在路人的正下方，看起来好多了。

画出阴影

12 小丑的英文为 clown，如果您不会用手绘笔写出好看的文字，可以点按工具箱中**文字工具**，直接在空白处输入文字，再于选项列中改变字形或改变颜色，好让画面更丰富有趣。

使用**文字工具**

输入“clown”这几个字

13 文字的轮廓如果没有特色，可以加入一个图层，随意在文字上乱画一些描边的线条，瞬间就能让文字轮廓不再笔直，多了一些不规则的感觉。

特别专栏——咖啡因的世界

生活里处处都是惊奇

我很爱在家“呆”着，时间流逝的也很快，不用去上班，我有 24 小时与自己独处的生活。这时候我也很爱摄影，快门声从不间断，拍猫、拍花草或对着窗外那一大片的海洋拍摄。

我常一个人，

乱走，乱拍，

看到想拍的，

快门一直不会停止。

随手拿起相机，
记录每个令您
感动的不起眼
的小事物。

如果您像我一样，喜欢赖在一个习惯的地方享受一个人的自由，没什么钱也可以享受富足又丰盈的开心。那么您可以到咖啡厅点一杯咖啡，是卡布奇诺也好，是星冰乐也好，我会把奶泡梳成各种造型，假装我是名造型师。

我还喜欢逛超市，那里有各式各样的颜色，有红的苹果，也有黄的橙子，瓶瓶罐罐里装着期待被我打开的食物，菠萝罐头像纸牌一样堆叠着，也有冷得发抖的蔬菜们，期待着夏天里温暖的阳光。逛逛这些平凡的地方，就能拥有最美好的快乐时光，只要您学会享受平凡。

携游记

想不到，我都已是 30 多岁的女生了，还会想玩一些专属于小女生才会玩的游戏。

有时带着猫，有时带着兔子，有时带着没有五官的布娃娃，然后拿着小 DC，帮它们拍照。

旁边没什么路人在场，我们“两个”开始展开写真集的游戏，带着“它”，一起携游记。

奶油球像是咖啡杯的小朋友一样，跟在咖啡杯的后面，偷偷地躲着，跟咖啡妈妈说：“她是谁呀？”

咖啡厅里的精灵

除了宅在家里，“必要的时候”我会带着笔记本电脑在咖啡厅里出现。有时一坐就一整天，有时则不到两个钟头，这一切都要看咖啡厅里是否有“爱心”插座。

咖啡厅里的景物是很有趣的，有时我会变成陶艺家，对着一杯卡布奇诺做造型，瞧！泡着咖啡沐浴的猫咪。

咖啡不见得都是温馨的，遇到浓郁的黑咖啡，好像遇到坏人一样，令人头皮发麻。

在咖啡馆里，您会遇见各式各样的人，而人群会随着咖啡馆的气氛，有不一样的族群。学生、上班族、老人、SOHO、只想秀秀手中时尚科技产品的年轻人，以及来自各个星球的外星人，全都在此降临。

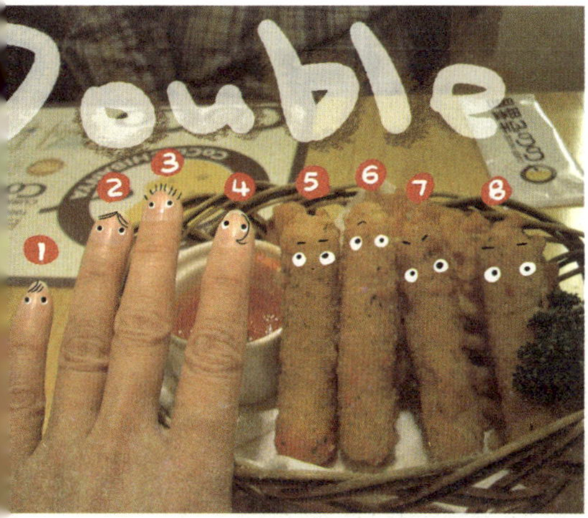

有些咖啡厅会提供不错的餐饮，为每份餐点打理好最佳的门面，等着送进客人的嘴里。他们的简餐，常常成为我的玩具，对着小番茄作怪或跟西兰花说话。

我爱蛋包饭，因为当我挖掉第一口的时候，觉得自己是个破坏美丽的刽子手。蛋包饭里的蛋黄有时还会流出好吃的蛋液来向我抗议。

我的对面坐着一对情侣，他们各自点了一杯自己喜欢的咖啡，虽然椅子是冷的，但他们的表情是热的。

我常去那间双尾美人鱼开的咖啡店，有时屁股可以抢到柔软的沙发，提着一台笨重且旧的笔记本电脑和一堆纸张，然后在那里假装用功一个半小时。

人生辛甘味

窗外的风景也会随着所坐的楼层而不同，那些行走的微生物也会跟着变小，他们要去哪里？因为什么事而那么忙碌？四个轮子要移到哪个停车位才停得下来？就像我降落在这里的方式一样。

刚好住在海边，刚好可以拥有每天不同风景的海景之旅。还是那杯卡布奇诺，配上蓝色的海，白云就像方糖一样，帮我带走少许的苦味。不是我浪费，手总是爱把玩条状糖包，指间粗粗的触感，会让我想起光着脚踩在粗粗的沙滩上。好吧，就来个糖包沙滩浴吧！

呼……看到某个肖像在杯子里快要溺毙了，喝一口就可以马上让水面下降而救它一命。不过，还是先让我拍一张再说吧。

总该来块蛋糕吧，不过甜食对我来说有点吃力。我不胖，但甜食会让我的口中产生厚重的黏稠感，就连咖啡喝起来也让我觉得累。

我常常在咖啡厅里怀抱着一堆幻想，踏进店里，在身体里灌满足够的咖啡因。从不习惯一个人，到不习惯两个人；从对面有人与我面对面的聊天，到视线转移到每个停留在此的人。孤独感会有，但来这里享受孤独感的人还不少，从此我学会一个人面对孤单，享受孤单，等待和我一样的人，站在我面前，跟我说：“您好，我可以跟您一起喝咖啡吗？”

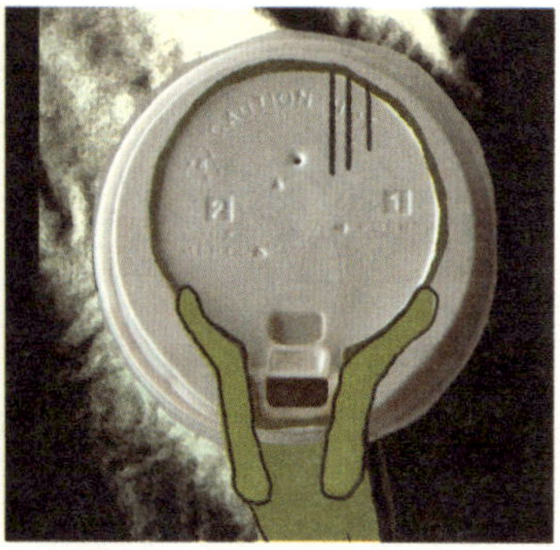

或许应该搭配一杯美式咖啡才能冲掉那种感觉吧？

UNIT 5

徐小妮

手绘·套索·变魔术

剪刀，是很有魔力的东西。

它可以剪出不同的物件，再拼成一幅画，

也可以像剪刀手爱德华一样，直接剪出艺术品。

在我还没上幼儿园之前，爸爸给了我人生的第一把剪刀，还有一本纸簿。爸爸说："剪刀可以把纸剪成许多不同的形状，圆形、三角形和方形。"他还教我把纸对折，随便乱剪出一些形状，打开后，就会像变魔术一样，出现自己都想像不到的样子。

我是个聪明的孩子，会举一反三，也会将创意生活化，于是我把爷爷珍爱的大师书法字画剪出了流苏。我爸怕我被打死，而且这件事他也要负大部分的责任，于是他只能自己偷偷把字画不留痕迹地粘好，并替我保密。我爷爷一直到去世都不知道字画被剪出流苏这件事。

自从那时起，剪这个动作，我一直都很爱。

我喜欢剪广告上的相片，加上好笑的手绘；

我喜欢剪报纸上的字，贴在相片上；

我喜欢剪同学的大头照，做奇怪的造型……

但不是每件作品都能够100%成功，很多广告和相片，剪坏就没有了。

也因此，我发现了比剪刀更好用的东西……

大家都是魔术师，用套索来变魔术吧

套索的快捷键为 L，共有三种，第一种叫**套索工具** 套索工具，它会依照您手绘的线条来选取范围。

第二种叫**多边形套索工具** 多边形套索工具，只要按 Shift + L 键，就可以从**套索工具**切换到这个功能。**多边形套索工具**不仅可以做点对点的直线选取，也可以手绘的自由线段来设定选取范围。

第三种叫**磁性套索工具** 磁性套索工具，只要再按一次 Shift + L 键，就可以从**多边形套索工具**切换到这个功能。它会依照您设定的数值，聪明地找出边缘后选取。过程中如果想使用手绘线条选取，只要按住 Alt 键直接拖曳画出线条即可。如果想做点对点的直线选取，按住 Alt 键后点选就OK了，放开 Alt 键就会回到原来的**磁性套索工具**。

在工具列中，还有几个小重点：增减选取范围。

① 新增选取范围

② 增加至选取范围

当有新的选取范围时，旧的会保留；

新旧范围重叠时，会结合成同一范围。

③ 从选取范围中减去

④ 与选取范围相交

让边缘模糊的羽化

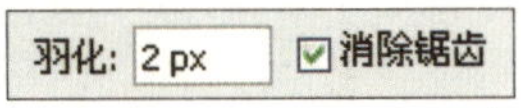

羽化就是将选取范围依照所设定数值，平均向选区内外模糊化。放大观察，您会发现羽化就是以选取线为中心，平均设定数值向内外做灰阶的变化。

消除锯齿并不是真把表面抛光，如果放大检查，您会发现锯齿还是存在。这是因为我们的文件都是位图，位图是由许多的方格点组合而成的，所以永远都会有锯齿。点选此功能，Photoshop 会使用一些技巧，让我们在视觉上以为锯齿消失了。

接下来，我们看看用这两张不同时间拍的相片，可以表达出怎样的心情。

启动 Photoshop，执行“**文件/打开**”命令，开启随书附赠光盘中的相片，名称为“浴缸娃娃.jpg”的文件。我们要使用**套索工具**将浴缸和娃娃一起剪下来，由于此图对比较为明显，所以先使用**磁性套索工具**做粗略选取。

再把图放大，使用**套索工具**做细部的增减选取。

完成后，按 Ctrl + C 键复制选取的区域，接着执行“**文件/打开**”命令，开启随书附赠光盘中名称为“云.jpg”的相片。按 Ctrl + V 键贴上刚刚复制的浴缸娃娃。

糟糕，娃娃太大了！没关系，这里再教您一个会经常使用的小技巧。

任意变形

按下 Ctrl + T 键，再按住 Shift 键拉动，可等比例放大或缩小

按 Ctrl + T + Shift 键可以等比例缩放，将浴缸娃娃缩小到能装进云里。确定大小和位置之后，按 Enter 键或点击右上角工具列的对勾，来确定变形。

为了使画面看起来像一缸子娃娃坐在云里，所以下一个步骤就是使用**橡皮擦工具**，将浴缸的脚一点点地擦掉。使用**橡皮擦工具**，画笔选择**喷枪柔边圆形65像素**，**不透明度**调至 50%，从浴缸脚向上擦到浴缸中间。多擦几次后加强浴缸脚附近就可以了，渐渐就可以营造出云深不知处的感觉了。

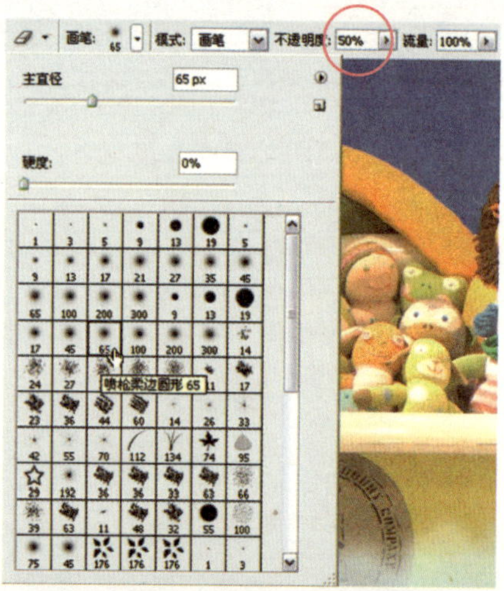

将两张相片成功地结合后，我们来做点装饰让画面更可爱。在猫咪的手上绑几个气球吧！新增一个图层，选择**套索工具**选项列中的**增加至选取范围**功能，将绑气球的线以选取的方式画出来，再使用**画笔工具**中的**流星画笔**上色，完成后按 Ctrl + D 键取消选取，看看这样的效果是不是很有剪贴的感觉呢？

运用相同的技巧再新增一个图层，把气球加上去。

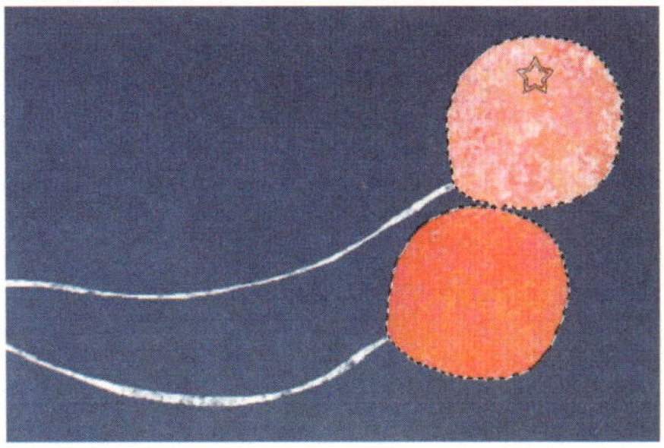

玩上瘾了吗？套索是不是比用剪刀剪贴更好玩？试试看，您是不是也能像下图一样，用套索把文字写出来？

测验

接下来，就是测验的时间了！

回忆一下之前单元学到的技巧，到底要如何将图 ① 的字变成图 ② 中的样子呢？

①

②

既然是去旅行，当然要盖个邮戳才更有味道。复习一下单元 2 中教的如何自制画笔，您还记得怎么做吗？

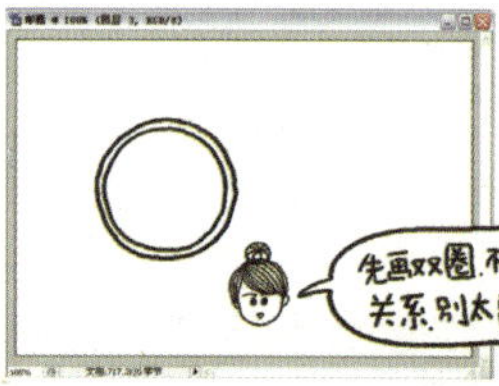

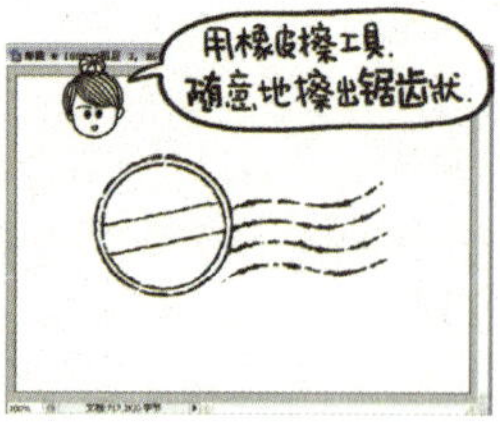

过了这两关，作品就快完成了！最后一件事，就是裁去多余的边。点选**裁剪工具**或按快捷键 C ，选取您想保留的区域，拖曳四周的方块可调整选取范围，按 Enter 键就可以确定裁**剪**了。

不论用**套索工具**还是**裁剪工具**，都可以赋予相片新生命，利用套索来绘图也是另一种美感，学会这些技巧后，赶快去找您乱拍的那些相片吧！利用套索变魔术，可以变出新艺术！

UNIT 6

拍拍 GO！去贴剪贴簿

徐小妮上一篇的剪刀手还真是非同凡响，关于把爷爷珍藏的字画剪出流苏段回忆，令人不禁捧腹大笑。

记得小学准备毕业的那个时候，我们的毕业纪念册都会指派有美术天份且爱表现的同学来帮忙做排版，也就是本人我。拿着大家的相片剪啊剪，然后贴在规定尺寸的纸张上，不小心把老师的头给剪了、把欠我 50 块的同学的手给剪掉了……事隔了 20 多年了，依旧没有合好的机会……

我喜欢剪东剪西，剪布、剪衣服，失恋时剪相片，不然就是剪头发。在 Photoshop 里，我一样改不了这个习惯。

《查理和罗拉》

这是我最爱看的一部卡通动画，是学龄前小朋友看的动画。它最棒的地方就是罗拉的幻想世界，而最精彩的就是它的动画效果是用相片与手绘两种素材组合成的，质感相当棒，也相当可爱。推荐《查理和罗拉》的网站给您做参考，相信在手绘的创意与相片的相互应用方面一定能给您更多的点子。

http://www.charlieandlola.com/

拿着相机收集素材吧

我们也来个《查理和罗拉》吧！随手在家里或户外拍些素材，丢到 Photoshop 里“剪贴”成一幅作品，很有意思啊！

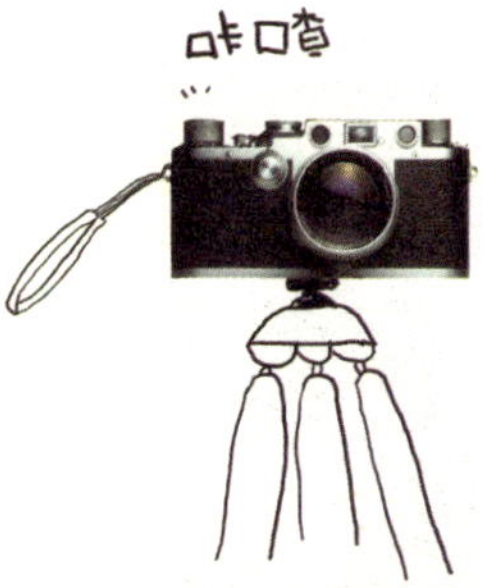

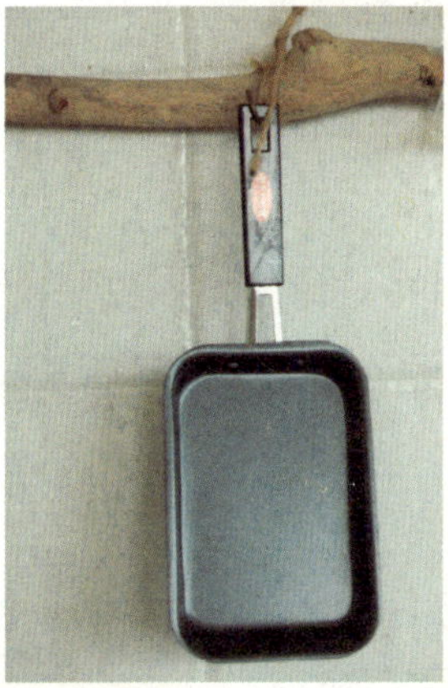

玩古典音乐的那些人

很爱古典音乐。

自从听了一场交响乐之后，

台上的弦乐手、鼓手与管乐手的默契，

在一场一个多小时的音乐盛宴里，让我深深地感受到作曲者谱曲时的心情。

有时俄国音乐也不需要那么悲怆，也不必要那么严肃，

有时候感受莫扎特的纯真音乐，也会让人觉得跟他一样聪明。

为那些音乐家拍张大合照吧！

古典音乐的魅力，声声不息。

已逝世 50 年以上的人，肖像权就由我们自由使用吧！

将那个年代帅气的造型我全部都找出来，

我想学学《查理和罗拉》的剪贴技法，初尝圈选工具的剪贴游戏。

圈选工具有哪些

工具箱里有两种圈选工具，一种是几何图形，另一种是不规则图形。几何图形的圈选工具是**椭圆选框工具**和**矩形选框工具**，可以画出标准的圈选范围；另一种不规则的圈选工具是**套索工具**，可以自由地圈选。在单元 5 中，徐小妮就利用圈选工具制作了浴缸作品。

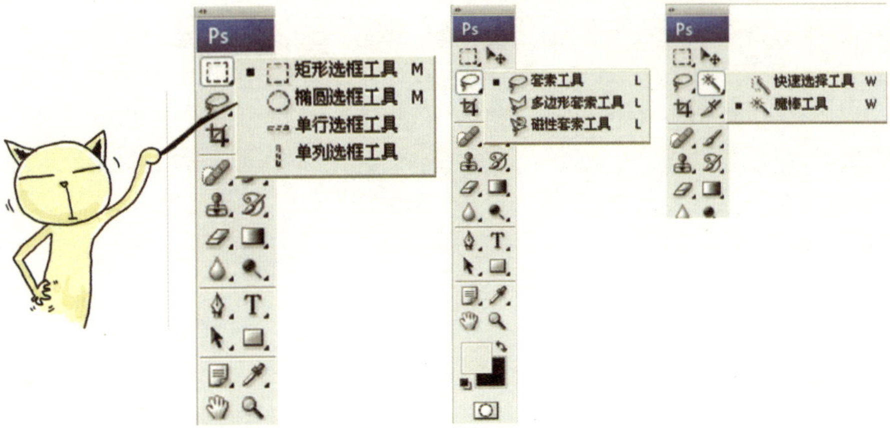

题外话

不管古今中外，服装代表着身份地位，从这群古典音乐家的肖像照里也能看得出他们的个性与财力。贝多芬是个音乐疯子，看过电影《欢乐颂》就能了解贝多芬是个什么样的怪人。莫扎特是有钱人家的公子哥，那头整理有致的头发，与贝多芬相比，果真家境不错。而肖邦，从肖像照里看得出他身体不太好，才会在 39 岁就患肺结核过逝。

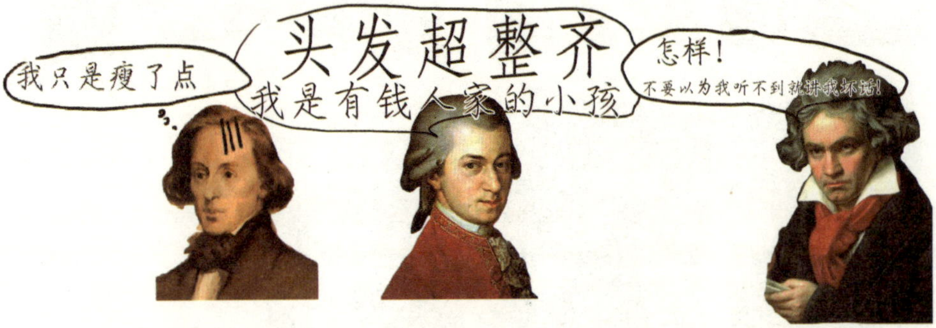

撕纸般的效果

拿贝多芬做代表性的人物，说他是乱发兼怪老头应该不会怪我吧？练习用的相片可以在网络上试着搜寻关键词“古典音乐家”寻找。

我们开启一张空白文件，再把收集到的音乐家相片打开，利用拖曳的方式将贝多芬（或其他音乐家）放在空白的文件上，成为一个浮动图层。相片开启后，在工具箱里选择**多边形套索工具**，利用点击 → 拖曳 → 点击→拖曳的方式，圈选出贝多芬的外缘轮廓。圈选的时候不用太拘束，把轮廓圈起来即可，只要回到起始点就会变成选取区。

接着直接在选取区里点击鼠标右键，在开启的快捷菜单中选择“**选择反向**”命令，按下键盘上的 Delete 键就可以去除背景了。

请大家用同样的方法把其他找到的古典音乐家通通去掉背景，放在同一个画面上。

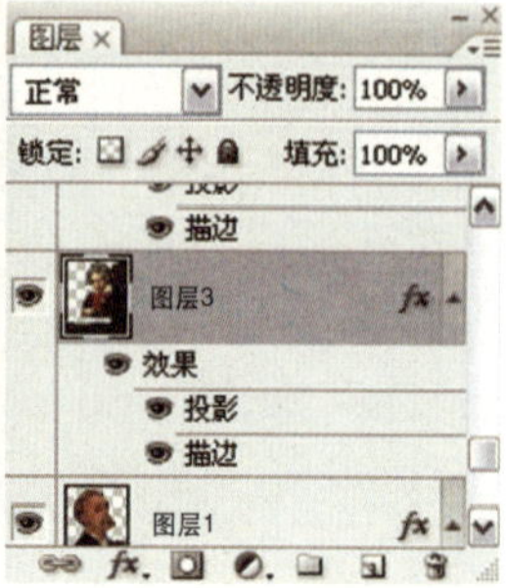

在**图层**面板上方点选图层，按下面板下方的 fx 钮，选择**混合选项**，点击**描边**，套用白色的外框，再点击**投影**，加入投影。

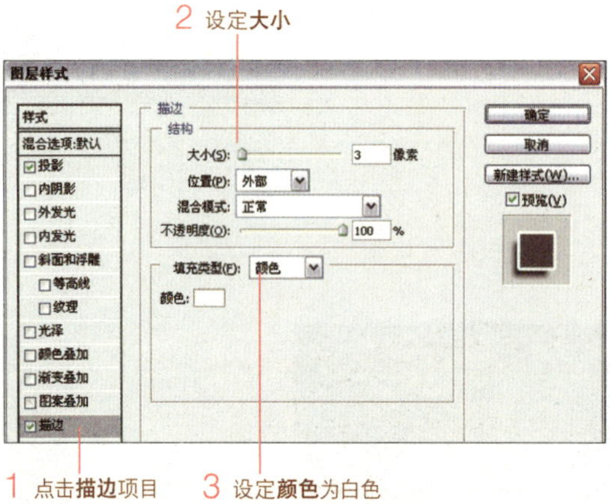

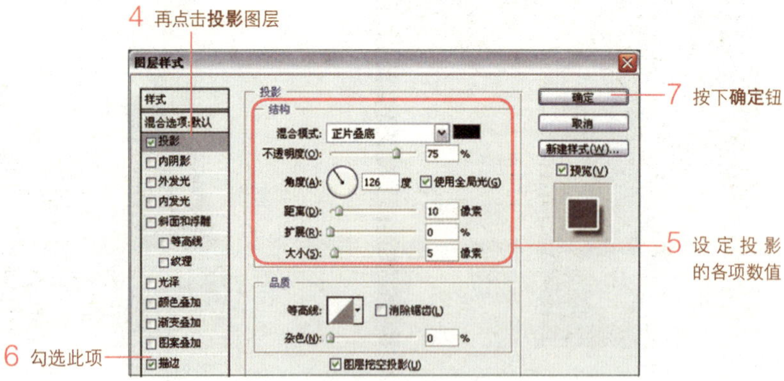

这样就能让图层里的古典音乐家像纸张一样跳出画面。完成了其中一个图层的样式后，可以利用复制样式的方式，将样式套用在其他图层上。按住图层右方的 fx. 钮，同时按住 Alt 键，拖曳至其他图层上放开，就能拷贝同样的样式了。

按住这个图示往其他图层上拉曳

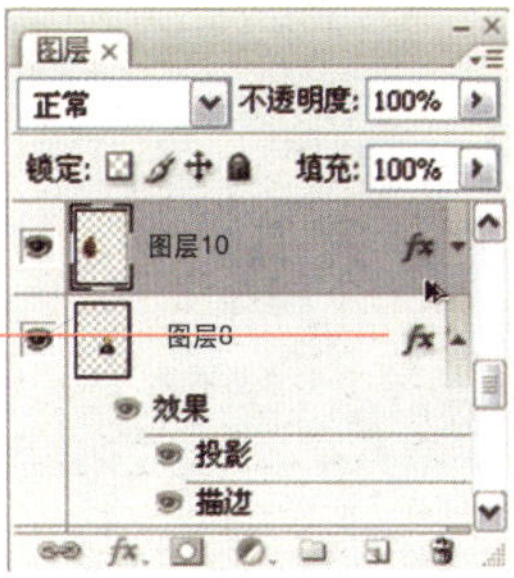

每个图层都套用了相同的样式后，接着再点击**图层**面板中的**背景图层**。选择工具列中的**渐变工具**，在选项列上点选颜色色块，选择咖啡色系的渐变色彩，在画面中点击鼠标左键，填入背景色。

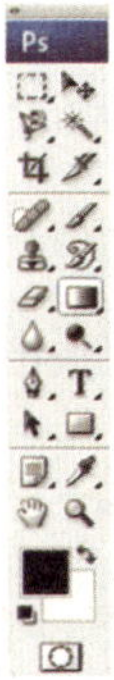

在**背景**图层上方再加上一支去掉背景的小提琴（当然也是收集来的），在此可以在**图层**面板中调整小提琴图层的**不透明度**，让小提琴不会抢走其他音乐大师的风采。

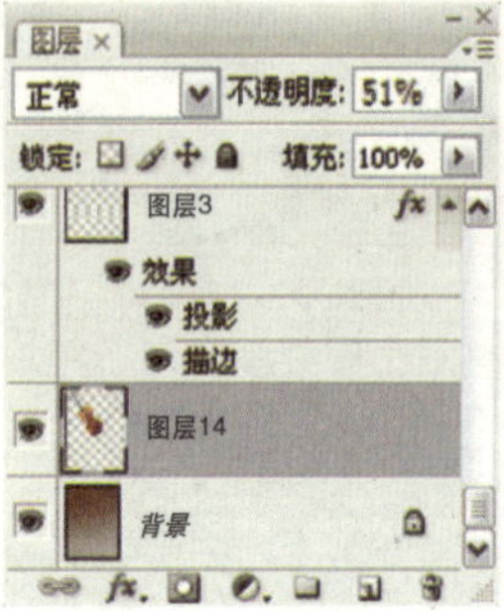

点选加了笔画外框的音乐家图层，现在要来做出撕纸效果的边缘。例如，点击贝多芬所在的图层，选用白色画笔，在图层的四周涂鸦。因为图层上已加入描边效果，所以现在的做法只是扩大图层外缘的造型。不规则的边缘，会产生撕纸般的效果。

最后在每个音乐大师的周围各涂上一圈就完成了。

妮妮与卡布的“Cappu Time”

卡布是我的猫，很有个性，不怎么理我，但会理罐头和鱼片。我一直梦想着可以跟它一起坐在咖啡厅里，我喝我的咖啡，它嚼它的罐头，当然是我想得太多。^^" 梦想只能在手指间完成，在这里利用剪贴技巧完成我与卡布的咖啡约会。

开启一个空白文件，新增一个空白图层，先把卡布与妮妮的轮廓画出来。开启**画笔**面板，挑选**蜡笔**效果的笔触，记得勾选**散布**与**杂色**两种画笔样式，就可以产生蜡笔般的笔触了。接着，就开始画图吧。

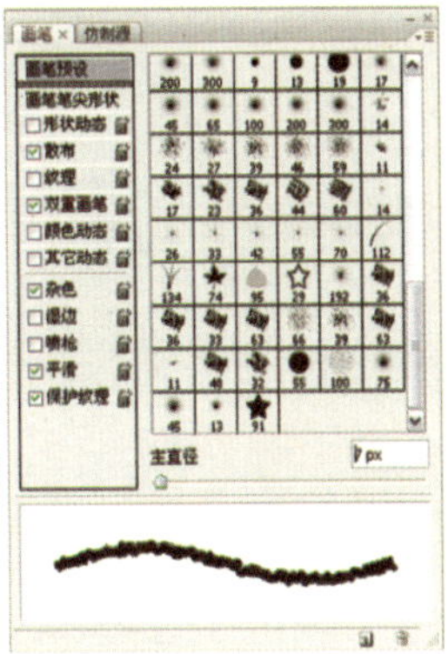

您可以把随书附赠光盘里的“咖啡杯”、“奶油球”和“猫罐头”全部利用**多边形套索工具** 圈选起来，贴进文件里，就像右图一样。我利用变形功能缩小咖啡杯、奶油球和猫罐头的尺寸（执行“**编辑/变换/缩放**”命令），好让我可以品尝咖啡，而卡布也会看着猫罐头。

利用拷贝图层的方式，再多几罐罐头给卡布，接着再把“奶油球”与“苹果”加进文件里。

在轮廓图层的下方新增一个空白图层，选择半透明的**画笔工具**，再挑选浅咖啡色的前景色彩，为桌面涂上一层薄薄的桌面底色。

为了表现桌子的岁月感，再新增一个图层，选择比较深一些的咖啡色，同样降低画笔的**不透明度**，如 20%，再随机涂上咖啡色。

新增一个新图层，将画笔的**大小**调小，选择再深一些的咖啡色彩，加入桌面的木头纹路。

新增空白图层，为妮妮涂上颜色。头发多一点层次，同样降低**不透明度**，涂上较深或较浅的色彩。

咖啡杯、猫罐头与奶油球既然放在桌面上，多一点阴影会更加自然。在这些相片图层的下方加一个空白图层，选择深灰色且不透明度的色彩，利用图层样式功能制作出阴影。

背景图层上加入一张随书附赠光盘里的“咖啡厅.jpg”相片，调整图层的**不透明度**，就像真在咖啡厅里度过下午茶时光的情景。因为我们涂鸦的部分都是选用半透明色彩，利用堆叠的方式画图，所以可能有部分会映出背景的影像，选择**橡皮擦工具**，把相片某些部分挖空，这样就可以避免。

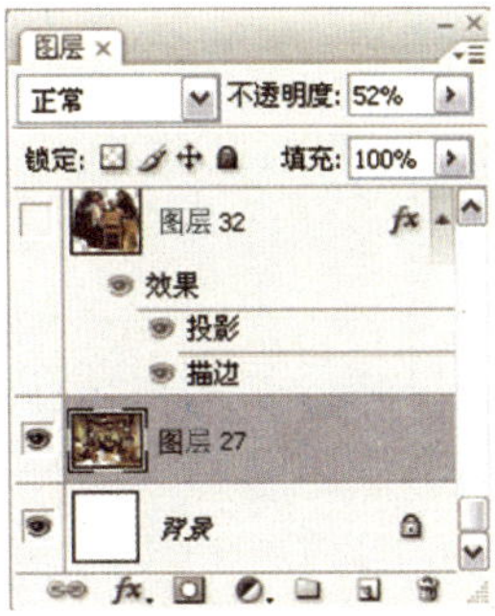

点选咖啡厅相片所在的图层，选择**多边形套索工具**，把咖啡厅的第一组人马圈选起来。

在选取区上方点击鼠标右键，选择“**拷贝的图层**”项目，就可把选取区内的影像独立放在一个图层上。

点选第一组人马的图层，按下**图层**面板的 fx. 钮，选择“**混合选项**”项目，选取**投影**与**描边**，笔画部分请选择白色的描边色彩。

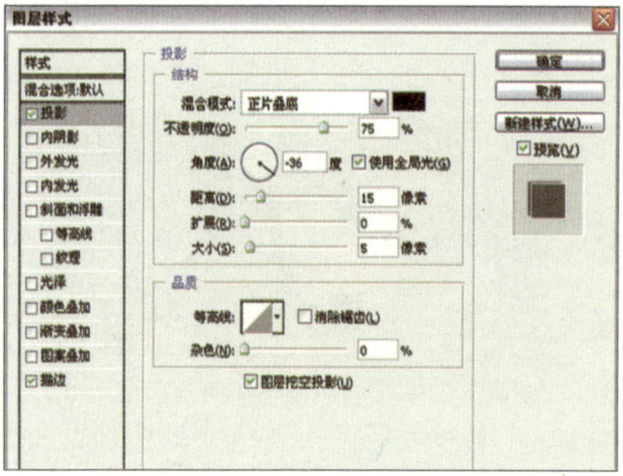

接着处理第二组人马。点选咖啡厅图层，利用**多边形套索工具** 圈选第二组人马，接着在选取区上方点击鼠标右键，选择**拷贝的图层**，套用相同的图层样式。

卡布妮妮的四周也来个白色的衬底背景吧！新增图层，利用**多边形套索工具** 圈选出选取区，然后执行“**编辑/填充**”命令填入白色色彩，然后同样也加入投影效果的图层样式。

来提个字吧！新增图层，选择**画笔**面板，挑选一组蜡笔效果的画笔样式，勾选**散布**与**纹理**样式，让笔触变成粗粒状，大大地写出“Cappu Time”。

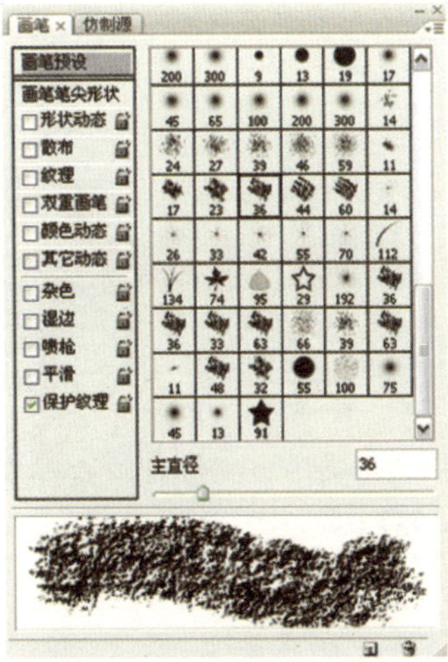

文字建立后，点选**图层**面板，加入图层样式，选择**描边**选项，加入粗框的白色笔画。接着套用**斜面和浮雕**选项，让文字的粗粒凸起，就像咖啡颗粒一样，而白色的描边则带有奶精的感觉。

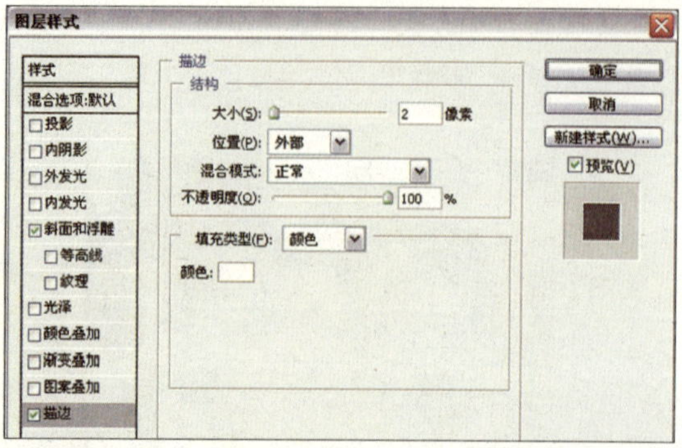

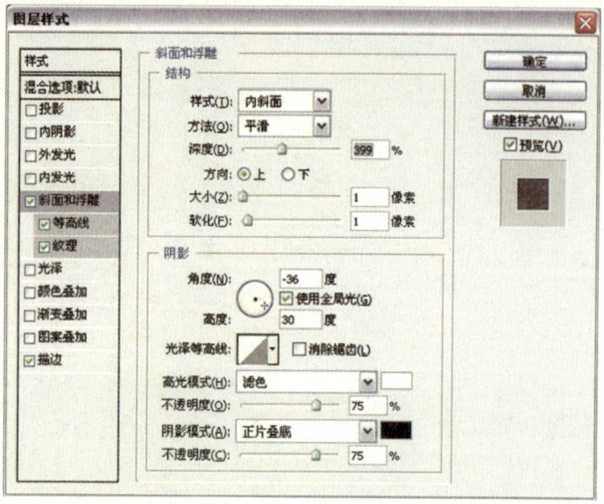

完成了！与卡布共享幸福的“卡布时光”。

屋顶上的白色空气

全世界只剩下猫的呼吸声

UNIT 7

徐小妮

手绘旅行日记

学了前面的几个章节后，您已经有能力让自己的博客与众不同了。

您可以不打字，试试用自己的相片加插画或直接用图来说话，都会很有趣。以下的游记，就是用上述元素组合而成的。

第一页，运用简单的旅游相片拼贴，揭开序幕。

有没有发现，剪下人头，自己画身体很好玩？您可运用套索工具，忘记的人翻回单元 5 参考一下。

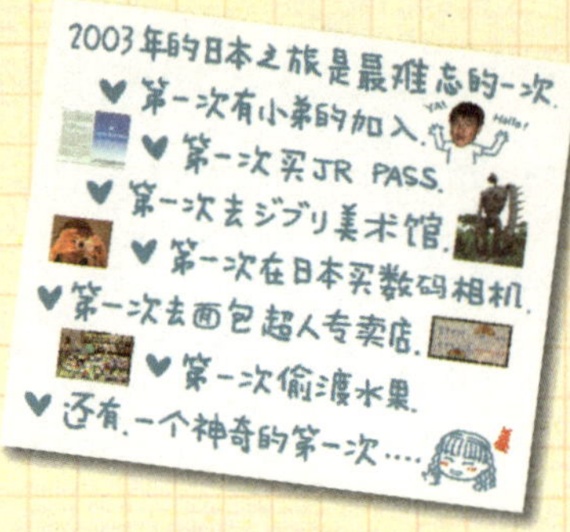

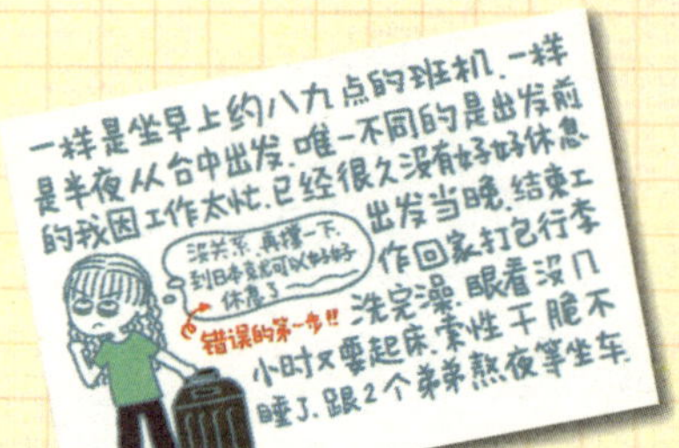

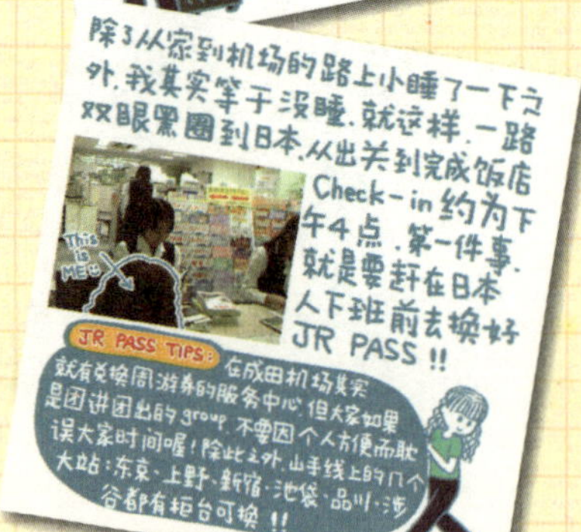

用相片画日记

相片中的我和旁边的文字，全部都加了白框，让别人可以一目了然。这样的技巧在单元 6 中也教过，千万别再傻傻地开一个图层，自己加白边，其实只要几个简单的小步骤就可以了!

原本的线条在相片中非常不明显

双击该图层

开启图层样式，点选**描边**项目后点一下颜色，就可以选择画笔颜色，选好后按下**确定**钮。

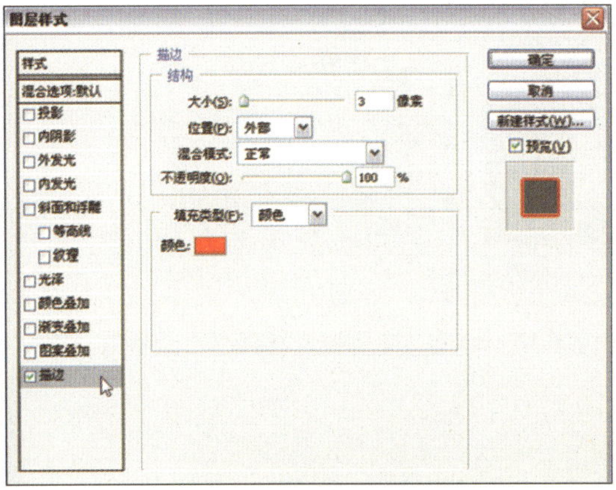

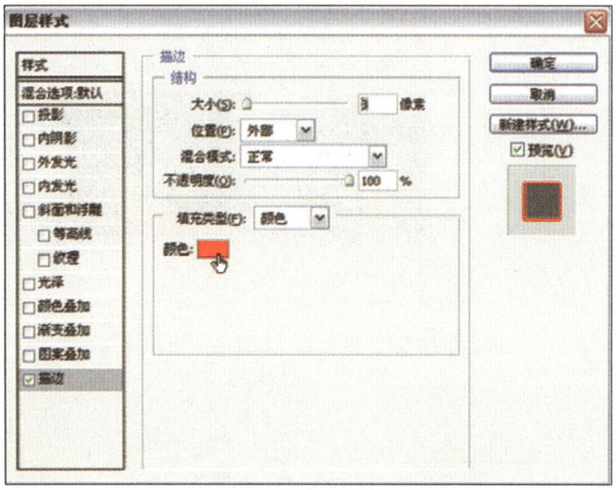

有时候文章可以用相片当背景，背景的图是我们下榻的饭店。不过要避免喧宾夺主，记得将该图层的不透明做适当地调整。

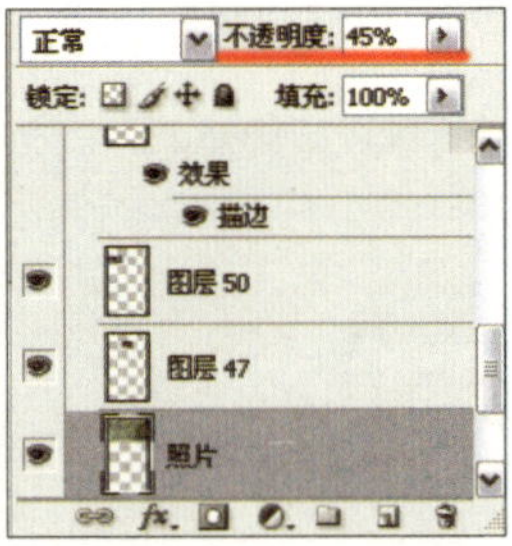

有没有注意到“TOKYO GAME SHOW”的字样特别地突出立体呢？其实这也是图层样式中的一个功能。

这是原本的模样

双击该图层，开启图层样式。这次除了画笔功能之外，再增加一个斜面和浮雕。

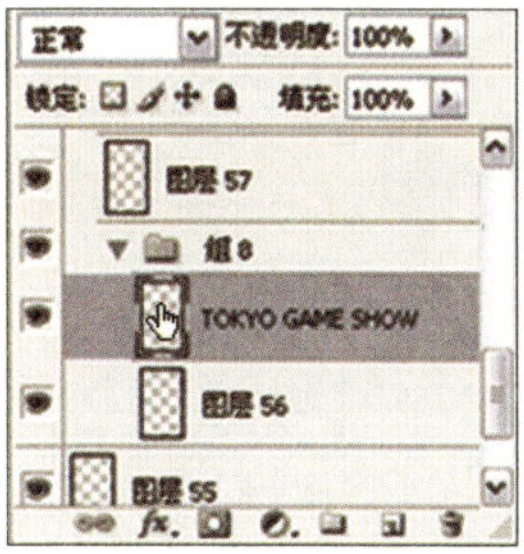

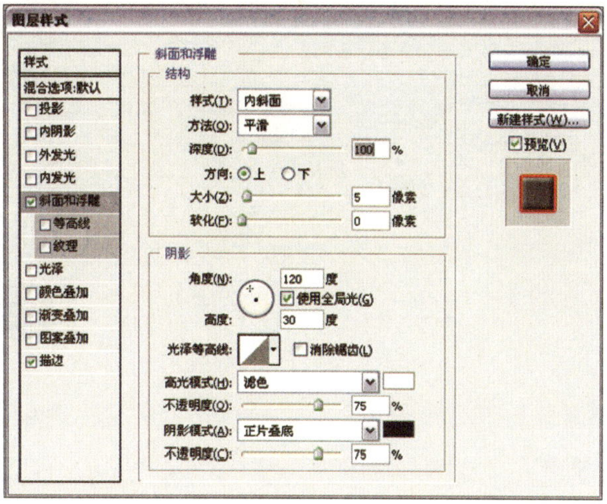

要画五线谱其实很简单，只要您能画出一条想要的弧度，剩下的四条线，全部都复制叠放上去就可以了。

相片上要如何加上人物呢？当然是图层，别忘记了！

只要有图层一切都可以搞定！考考您，人头上的图示是怎么加上去的呀？对！又是图层！就这么简单！

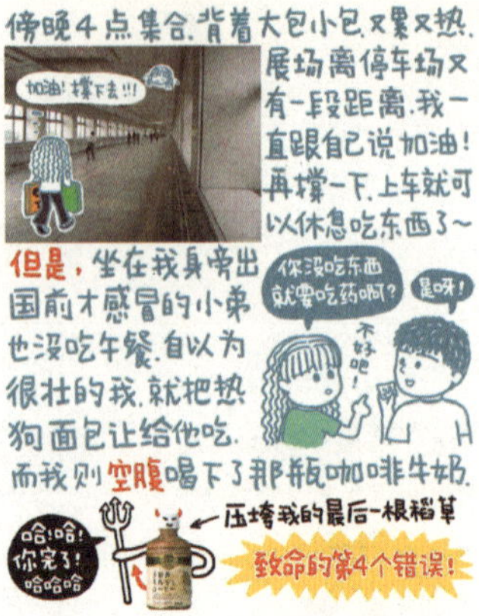

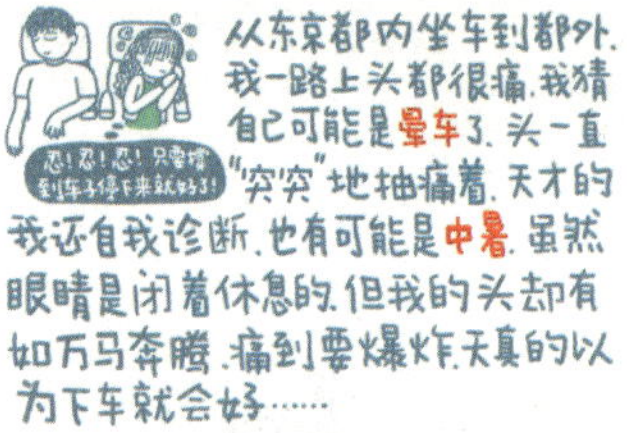

当时情况危急，没人想到应该为最有纪念价值的日本救护车拍一张相片，真的好可惜。所以啊，这给我们上了很好的一课，无论如何，先拍再说！

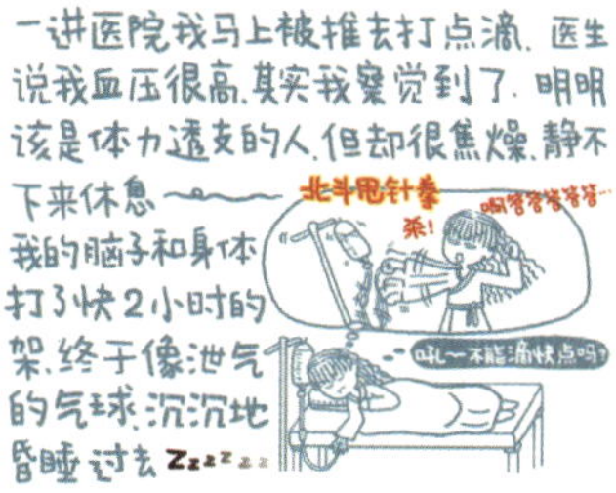

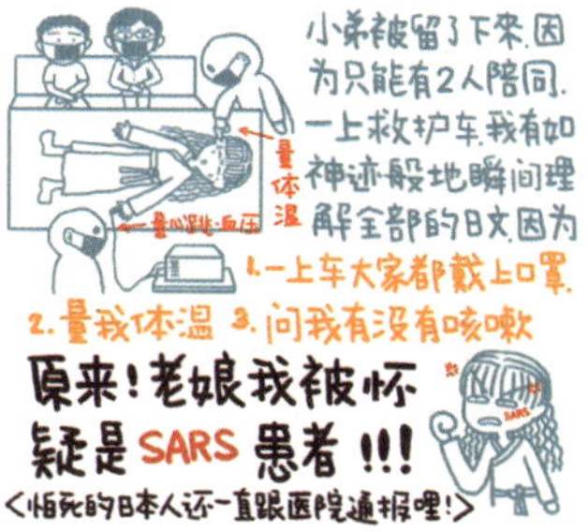

有没有注意到那一排字母“Z”是有渐层的。其实上渐变色很简单，首先将原本的“Z”用**魔棒工具**选取起来，再选择**渐变工具**。

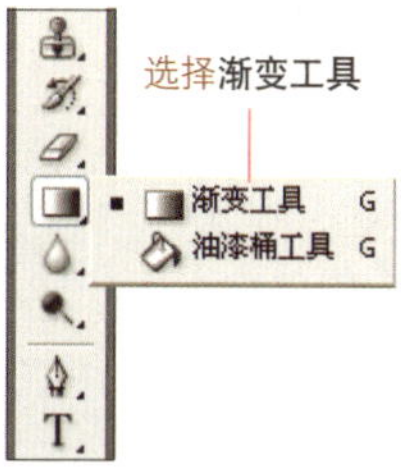

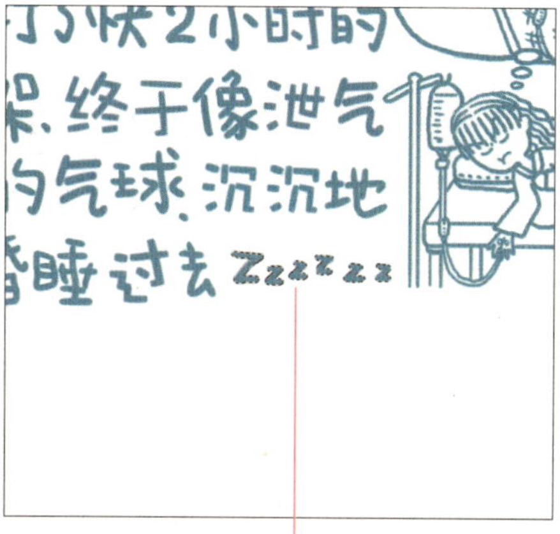

在 z 字上按一下

在如下图的地方点一下即可编辑渐变色。里面有几个选项是内建的，点选后按下**确定**钮。

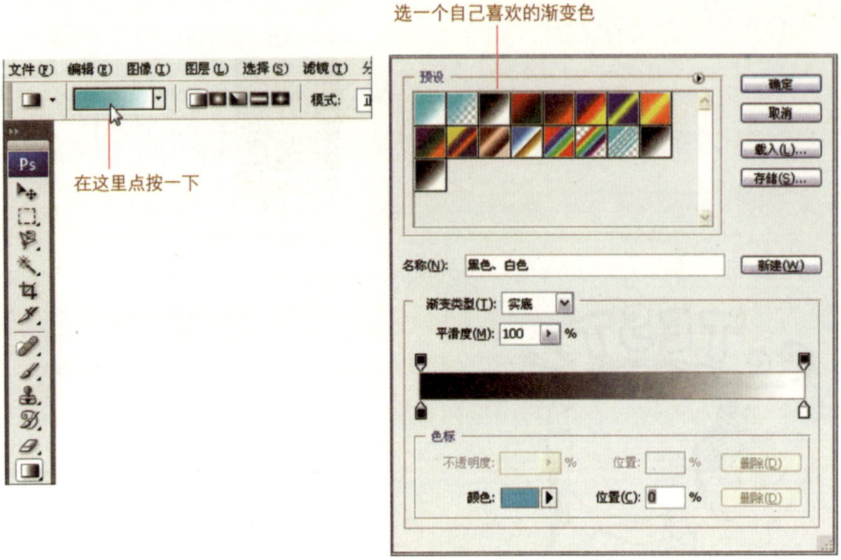

从“Z”字的开头，拖曳至字尾后放开，渐变“Z”就完成了。

制作综艺节目时，编辑人员常常会帮艺人们做些后期效果，我们当然也可以。

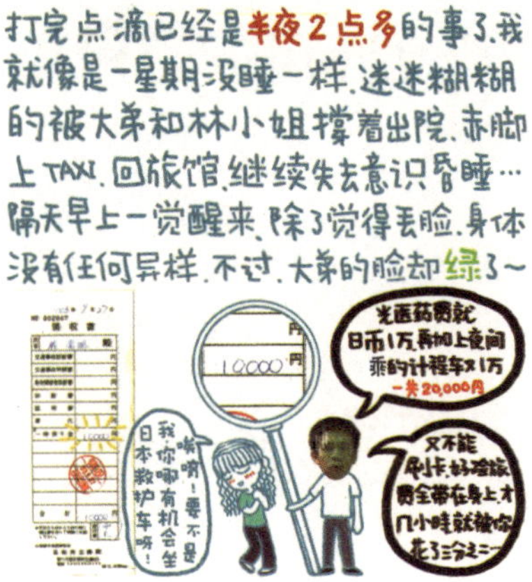

这很简单，在人头上新增一个图层，选好颜色后，您有两种做法：

① 调整画笔的不透明度，慢慢上色。

② 不调整画笔，但调整图层的不透明。

旅行中总会发生一些意想不到的小惊喜，只要用心收集、多观察、多多感受，用手绘记录下来，虽然您我的图都不是大师级的作品，但这些话(画)，最能感动人的心。

UNIT 8

图层混合妙妙妙

一张普通的相片可以变成安迪·沃霍尔的味道，也可以挖空相片做特效。有好多好多想法，都想试着看看，只是试坏了又得重新再来一次，如果您使用的工具是**选取、橡皮擦工具**……

Photoshop 里有两个有趣的功能——“图层混合”功能与“蒙版”功能。图层混合就是指上面的图层要与下面的图层采用指定的方式混合在一起，产生各式各样的全新效果。而蒙版就像用张挖空的纸张盖住图案一样，您只会看到挖空部分的画面，用来遮住不想出现的地方。

留得青山在不怕没柴烧。只要您给予不一样的挖空造型，就有不一样的效果，再将多个挖空的造型组合起来，就是一幅独特的作品。

图层怎么混合

首先一定要有两个图层。这是将上面的图层用指定的混合方式与下面的图层混合，混出不一样的味道。下面在卡布的相片上（卡布.jpg）我新增了一个空白图层，在上面用手绘笔随意地画出几个线条再加上半透明的底色色彩。

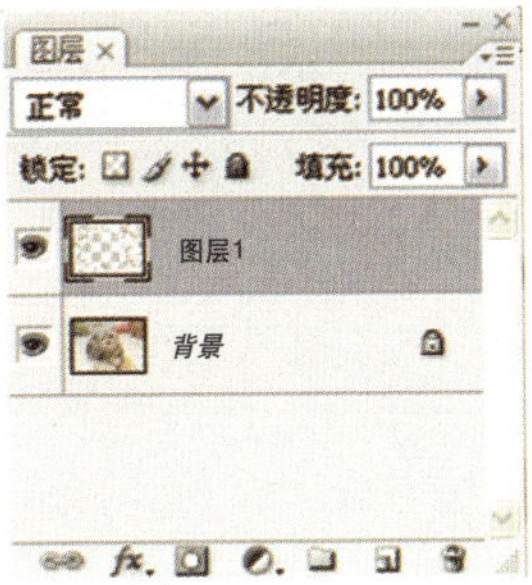

这是目前看到的影像效果。

ch08\图层混合.psd

我们点选最上层的图层后，在图层面板的上方按下 fx. 钮，会出现一个菜单。选择**混合**方式为**变亮**选项，表示现在上层的图层要用**变亮**的选项反应在下层的图层上。

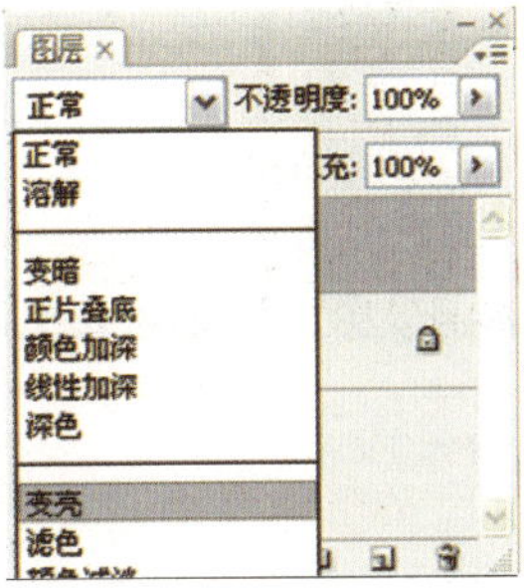

也可以选用**强光**选项，混合的效果又不同了。

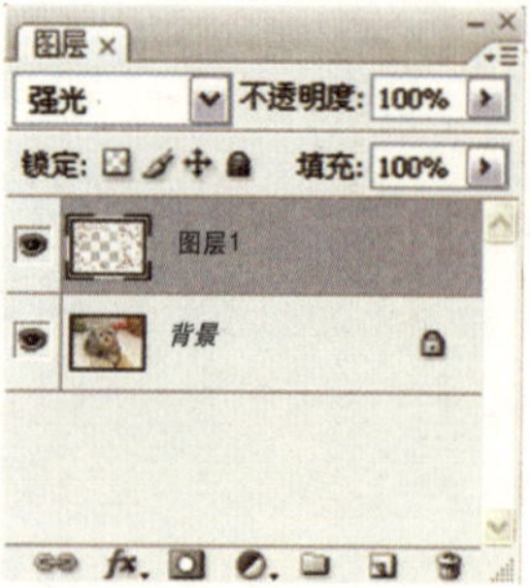

各种图层混合的效果

不懂每个图层混合套用后的效果无所谓，直接套用看看，满意再停手。但有空的话，可以先了解一下每种混合方式的效果，这样就不用花时间一个一个尝试了。下面的示范，我拷贝了一份相同的图层，利用上图层与下图层做混合，看看会有什么样的变化。

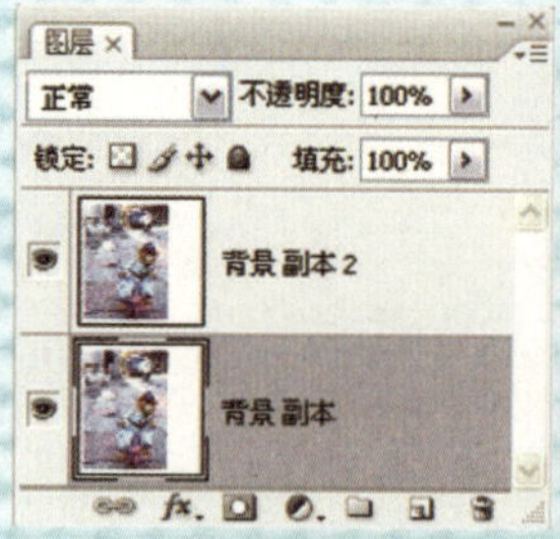

Ch08\图层.psd

模式：正常

未套用任何模式。

模式：溶解

可做出点状的喷洒效果，加入透明度溶解效果更明显，而透明程度也会影响点状分布。

同样的图层混合模式配合各种不同的设计，也会有不一样的效果。

模式：变暗

保留下层最深的色彩，最浅的色彩部分则会被上层色彩所取代。

模式：正片叠底

加深上层图层的色彩，较白的部分会被下层色彩所取代。

模式：颜色加深

上层图层灰阶程度变慢后，与下层融合，可降低下层的亮度。

模式：线性加深

同时让基本色彩变暗，以减少对比的方式突显出混合色彩。与白色混合不会产生改变。

模式：变亮

选取上下图层较亮的色彩为效果色彩。下层比上层暗的像素会被取代，比上层亮的像素不会改变。

模式：滤色

上层与下层色彩的倒数相乘，显现较亮的颜色。黑色部分会保留原来色彩，白色则产生白色。

模式：颜色减淡

让下层色彩变亮，以减少对比的方式突出上层图层的色彩。与黑色混合不会产生任何改变。

模式：线性减淡(添加)

让下层色彩变亮，以增加对比的方式突出上层图层的色彩。与黑色混合不会产生任何改变。

模式：叠加

以下层来增值或以网屏筛选颜色。图样或颜色会覆盖原来像素，保留基本色彩的亮部和阴影。

模式：柔光

以上层图层为主，让颜色变暗或变亮。这个效果类似于在影像上照射扩散的聚光灯。

模式：亮光

上层色彩比50%灰阶亮时，会出现加亮的效果；若上层色彩比50%灰阶暗，会出现加深的效果。

模式：强光

以上层色彩为主，来增加或减少对比的方式，使颜色加深或加亮。

模式：线性光

以上层色彩为主，用增加或减少亮度的方式，将颜色加深或加亮。

模式：点光

若上层色彩比50%灰阶亮，上层较暗的像素则会被取代，比上层色彩亮的像素不会改变。

模式：实色混合

采上下层的色彩转换成单色填色，类似色调分离的效果，黑色部分会被保留。

模式：差值

与白色混合会反转基本色彩值，与黑色混合不会产生任何改变。

模式：排除

以上下层亮度值较大的来决定，从下层色彩中减去上层色彩或从上层色彩中减去下层色彩。

模式：色相

所建立的结果色彩具有下层的明度、饱和度及上层的色相。

模式：饱和度

所建立的结果色彩具有下层的明度、色相及上层的饱和度。

模式：颜色

所建立的结果色彩具有下层色彩的明度及上层色彩的色相和饱和度。

模式：明度

建立的结果色彩具有下层色彩的色相和饱和度及上层色彩的明度。

细部调整

套用图层混合模式其实还有细部调整功能可以微调。我在这里准备了两个图层，点选上方的图层后，按下**图层**面板的 fx. 钮，选择“**混合选项**”命令，在开启的对话框里选择混合模式，还有更重要的**混合颜色带**。您可以选择一个通道颜色，如红色，调整滑动杆，就可以控制现在这张图层红色部分显示的多寡。

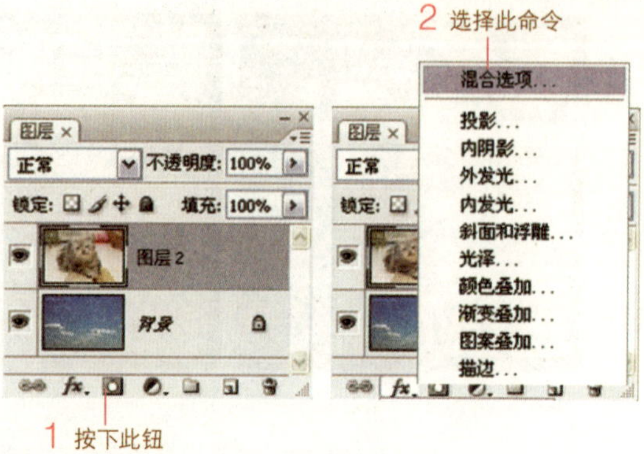

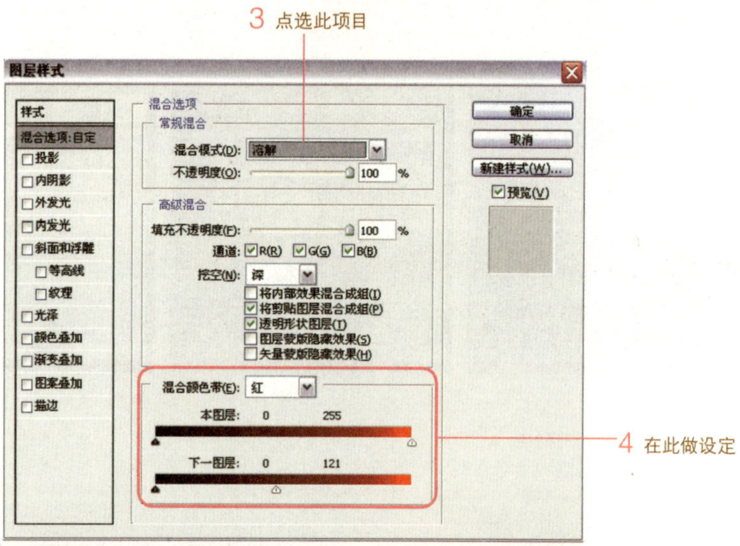

在影像中加入红色

迟来的春天

有一天，自己一个人枯坐在咖啡厅里，视角的斜对面有一对初次见面的相亲男女，年纪都有 40 ～ 50 岁了。他们静静地坐着，非常羞怯，男方也相当紧张，一直猛擦汗。这让我感觉到一阵温暖。^^

寻找爱，需要很大的勇气。

不管拥有多少年的社会经验，

在爱情的面前，你们永远是两个羞涩的小孩……

很喜欢在咖啡厅点卡布奇诺，有些咖啡厅的奶泡打得特别浓郁又高，很适合让手痒的我做点特殊造型。只不过在这里的咖啡我只要它的外形，用来代表女方高高的一头卷发。

请开启“ch08\咖啡杯.psd ”文件，然后选择**多边形套索工具** ，将咖啡的外形圈起，接着在选取区上点击右键，选择“**拷贝的图层**”命令，让咖啡杯独立成为一个浮动的图层。

咖啡厅内的灯光总是不太明亮，于是我执行了“**图像/调整/曲线**”命令，把整个咖啡杯的明度提高，再稍微降低一点暗处。

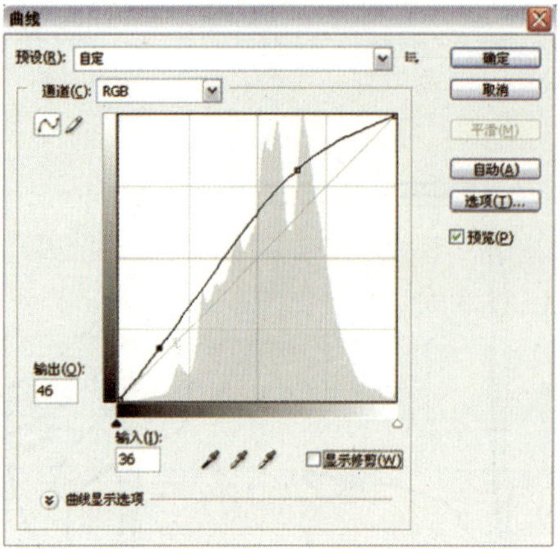

用相同的处理方式，将另一杯被我挖掉一块奶泡的卡布奇诺圈选起来（“ch08\咖啡杯02.psd”），把这两杯咖啡拖进一个新的文件上，调整好位置、大小与角度，就像下图的样子。接着在左下方的卡布奇诺下方新增一个空白图层，选择桃红色且半透明的柔边画笔色彩，在咖啡杯的周围涂上两圈线条。

再选用代表浪漫的紫色，圈在右上角的咖啡杯下方。请点选紫色线条图层，选择图层混合为**溶解**，就会看到柔边画笔的周围出现点状效果。

在线条图层的下方新增一个空白图层，画上大大的柔边黄色图案。

前景色选择黄色，而**背景色**选择明黄色，然后针对这个黄色的图层套用**滤镜/滤镜库/素描/半调图案**选项，把**大小**与**对比度**放到最大，**图案类型**选择**网点**。

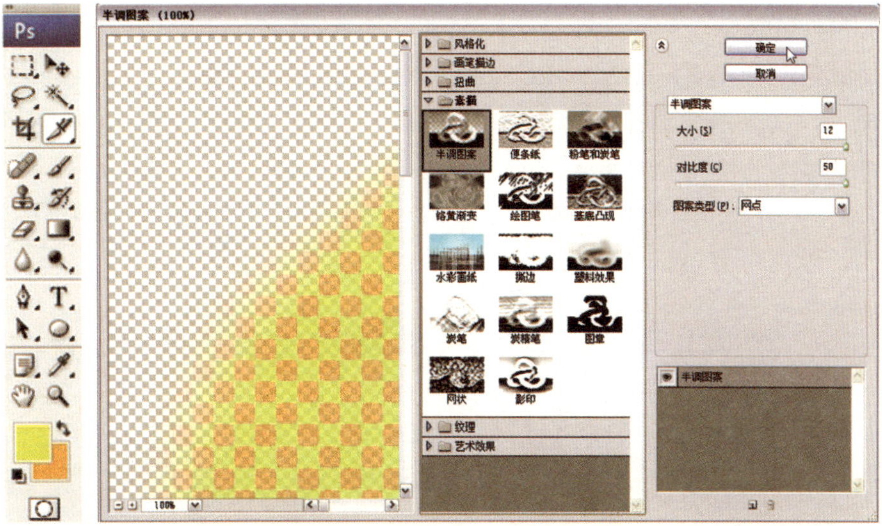

回到**图层**面板，调低一些**不透明度**，让网格状的黄色背景代表一种淡淡的距离感。

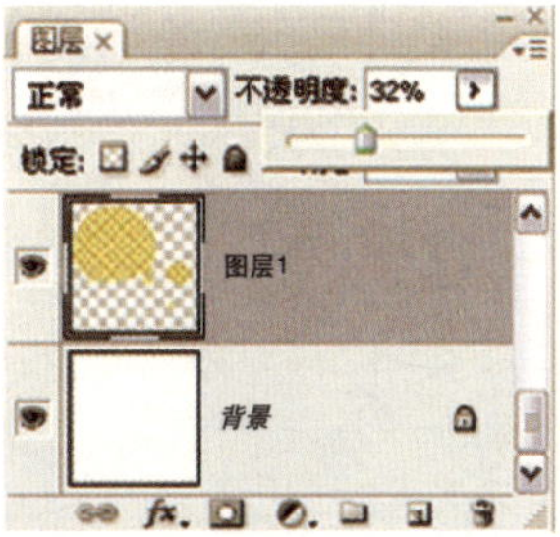

新增一个图层，利用暗灰色与粗画笔画出有趣的扭曲图腾图案，再使用细一点的画笔在粗线条旁勾勒细节。

爱情总是令人意乱神迷，但也别忘了咖啡的香醇。打开**画笔**面板，在**画笔动态**项目中，选择一款柔边圆形的画笔，并将**间距**调大。当我使用手绘笔画出一段曲线时，会配合压感笔触产生小点或大点的虚线。

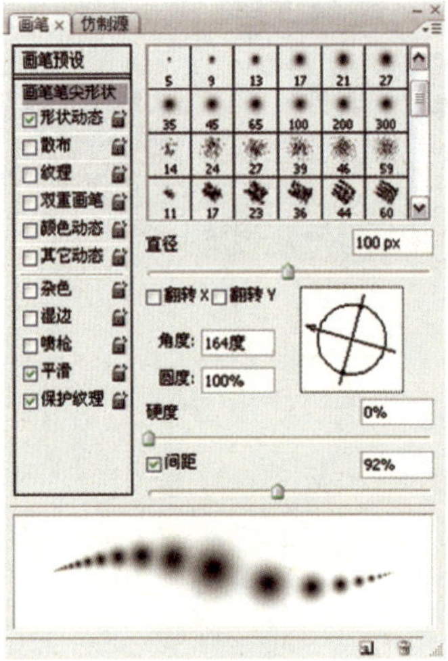

为右上角被挖掉一块奶泡的咖啡加点趣味的表情，刚好很像大鼻子造型，点上两个鼻孔，画上秃头两侧剩余的头发，中年男子的形象就出现了。肉桂粉的位置还真像脸上的胡茬呢。

为左下角的卡布奇诺加上表情，心花朵朵开的恋爱故事正在悄悄地蔓延。

ch08\图层混合_咖啡.psd

城市生活

相机像是我的眼睛一样，透过眼睛看到的、镜头描述的，很多故事就油然而生。城市是个很奇妙的地方，大家似乎做着相同的事，呼吸着相同的空气，手握着公交和地铁的拉环，手提着同类型的办公包，向不同的地方走去，却做的相同的事，过着相同的生活。

我找了三张自己以前所拍的相片，上班途中的上班族、地铁的拉环和路标，这是上班路线上常见的景色。先把其中一张相片放在正方形空白图层的上方。

在这张相片上再贴上一张地铁拉环的相片，重叠覆盖着，方便待会儿套用混合模式。

点选上面的图层，选择混合模式为**变亮**。

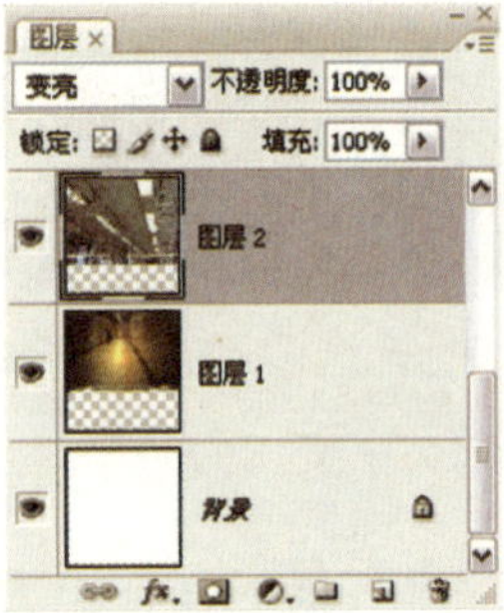

再贴上路标的相片，将它放在版面的下方，选择混合模式为**线性光**。

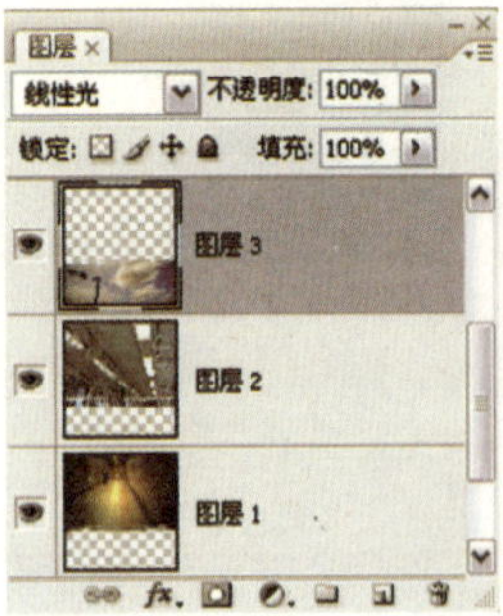

我们不要让相片的边缘显得那么明显，而要表现出一种速度与忙(盲)碌的感觉。处理方法很简单，在工具箱里选择**橡皮擦工具**，点选路标图层，左右擦拭去明显的边缘。

也可以用同样的方式处理其他相片的边缘。

输入文字“Life”，使用紫色的色彩。

选择文字图层的混合模式为**差值**。

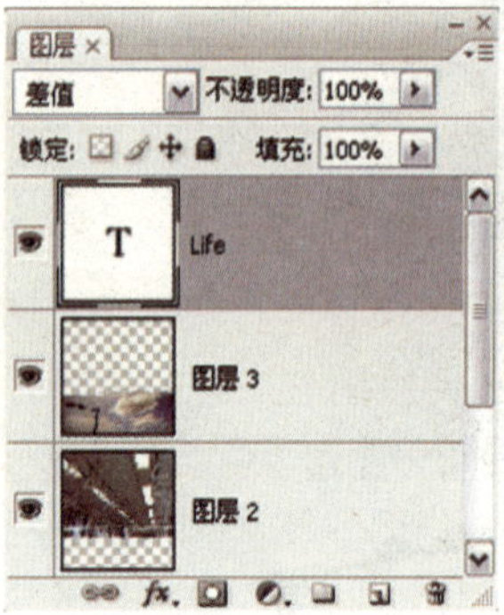

ch08\life.psd

忙碌的生活，总会让人觉得每天的日子像是拷贝似的，没什么不同。有时可以在每天清晨的第一口咖啡开始，留下几分钟给自己，想想您要的自在，它们在哪里?

蒙版妙妙妙

实在想不出什么好标题可以形容有趣的蒙版，它真是妙妙妙！妙在可以不破坏相片的原貌，随时可以修改或丢弃，依旧保留相片原来的样子。在图像编辑时，可以快速地重复编修，一直是它最引以为傲的功能。

蒙版是一个可以让您重复使用的功能，只要在一个浮动的图层上加上蒙版，就可以自由地控制哪些部分要保留，哪些部分要隐藏。

把蒙版当成一个挖洞的黑色纸，被挖空的地方可以露出影像。在 Photoshop 里挖洞很简单，选择白色是保留目前图层的影像，选择黑色则是隐藏目前图层的影像，来试看看吧！

在一个有底色的背景图层上面，我贴上了一张卡布的相片"ch08\卡布.jpg"。现在要进行的是为卡布猫咪去除背景。

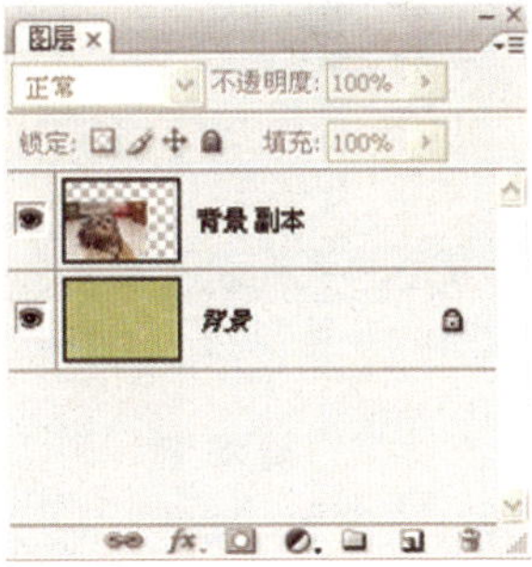

在**图层**面板上点选卡布图层，然后按下**添加图层蒙版**钮，会在图层的右方多出一个白色的方块，这个方块就是蒙版。我说过了，白色代表显示目前相片的范围，全白的话就表示整个相片的内容都会被显示出来。在蒙版上点一下，现在选择**黑色**的画笔，然后在背景处随意地涂画，您会看到背景图层的底色透出来了。

猫咪四周可使用较小的黑色画笔来仔细地涂抹，就可以进行去除背景的动作。

这就是完整去除背景后的样子。

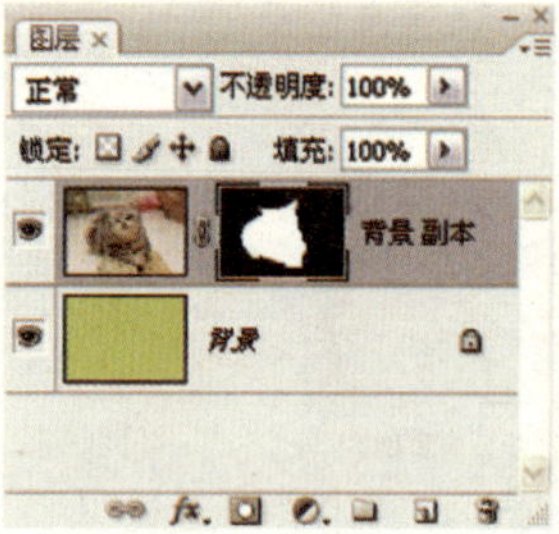

使用蒙版后，若要进行影像缩放，也能同步改变蒙版的尺寸，蒙版的妙处就是拿来遮住不想露出来的范围，但可以随时利用黑色与白色色彩来控制显示或隐藏的区域，拥有相当大的再编辑空间。

相片去除背景后，还有更有趣的**图层样式**可以玩玩。按下**图层**面板的**添加图层样式** fx. 钮，可以选择**投影**选项，这时会开启**图层样式**对话框，显示**投影**样式的各项指令，可以调整阴影的**角度**、**扩展**和**大小**。

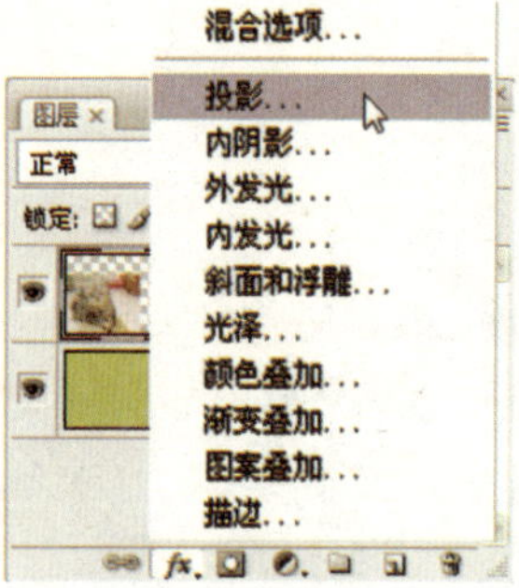

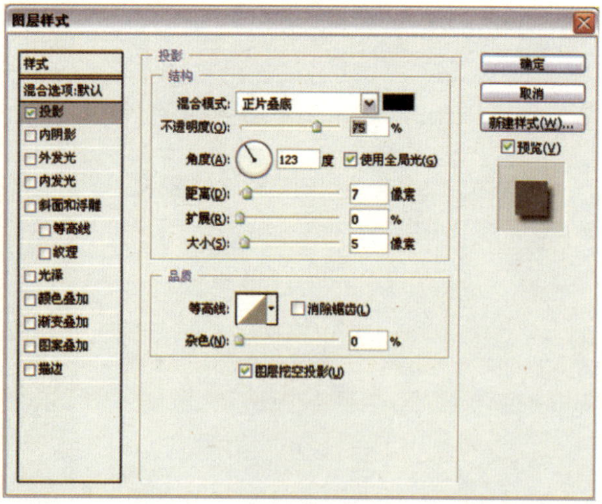

加入投影后，因为蒙版的关系，投影只会落在卡布身上，而遮去的部分不会套用投影效果。

图层样式不是只能加一种，而是可以追加效果。例如，加了投影效果后，再加个**描边**效果。同样在**图层样式**面板上面勾选**描边**，选择描边外框的**颜色**、**大小**和**不透明度**，卡布的四周就会多出一圈外框色彩，同时也会保留了投影效果。

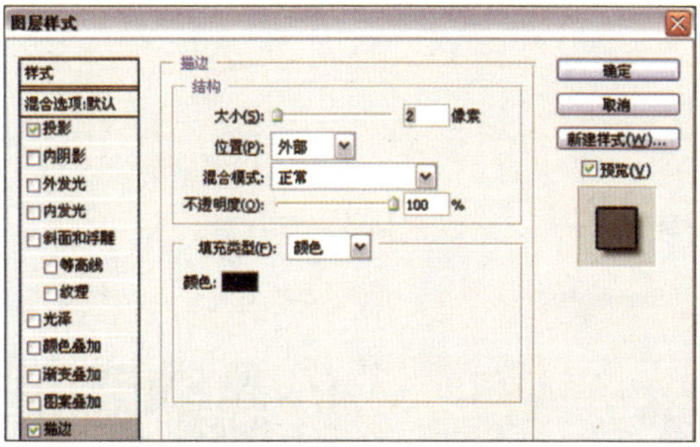

文字也能玩蒙版。利用**文字工具** T 输入文字内容后，在文字图层上按下**添加图层蒙版**钮，会在图层的右方新增一个蒙版方块。

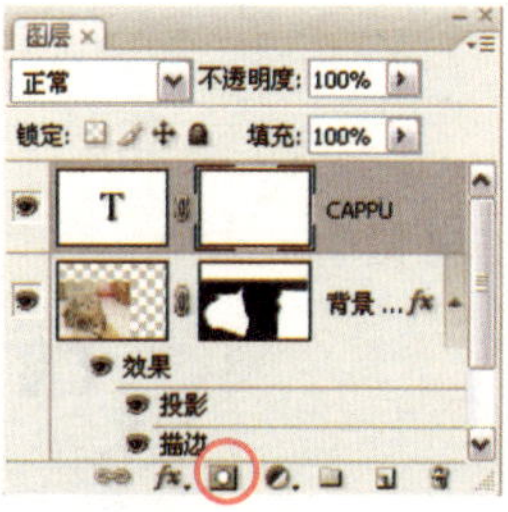

选择**画笔工具**，并且在画笔样式中选择**流星画笔**样式，点一下蒙版方块后，代表现在要编辑的地方为蒙版本身，而不是图层本身。然后在文字上加入蒙版，文字“CAPPU”就有了新的造型。

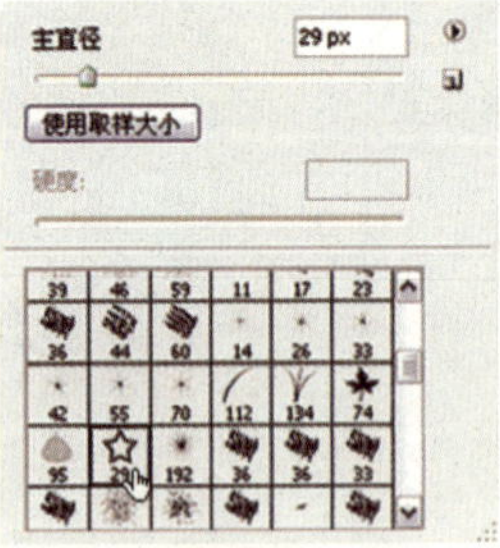

因为并不影响文字本身的属性，您还可以随时修改文字的内容。

文字也属于图层的一种，而只要是图层就能套用图层样式。按下**图层**面板的**添加图层样式**钮，选择**投影**选项，阴影的下落位置为**内阴影**，可以显现凹状的镂空文字效果。

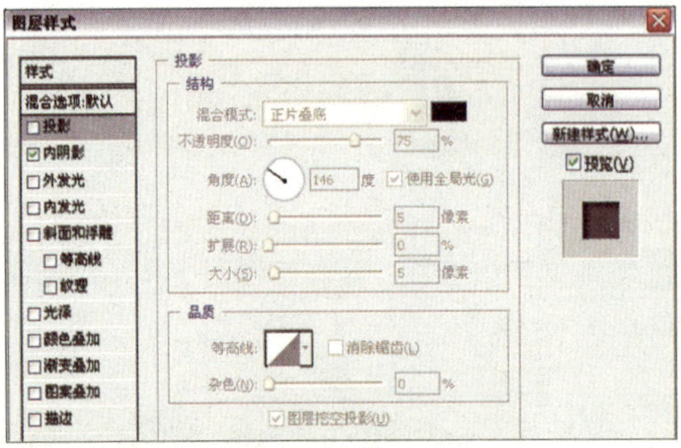

在图层上面套用任何样式，都会被记录在**图层**面板上，如果某个样式不想套用，随时可以在效果名称上将眼睛小图标关闭即可。

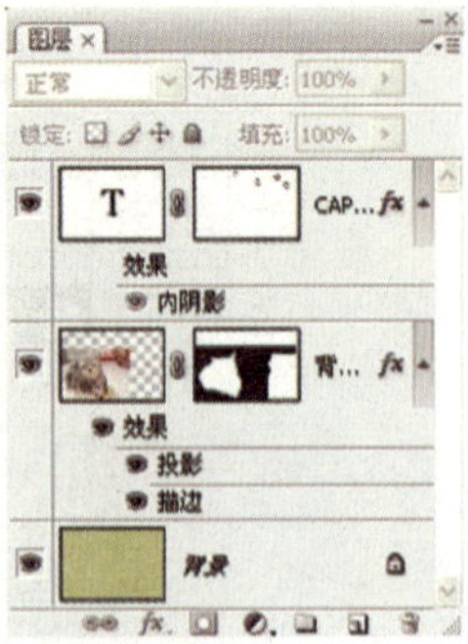

一个人的旅行

多久没一个人旅行了?

一个人搭着车，当起背包客，指着地图上的某一处寻求当地人的指引。拿着相机随意拍照，每一段时光都是属于自己的心灵修行。或许您是为了甩开喘不过气的生活，或许您只是想换个视野看看这个世界，有时候可以试着当自己的主人，

出发吧！下一站，幸福！

我们的作品采用正方形规格，所以请先新增一个正方形的空白文件，将随书附赠光盘里的“ch08\旅行.jpg”文件以“**文件/置入**”的方式成为影像图层，影像就放在文件的上方。

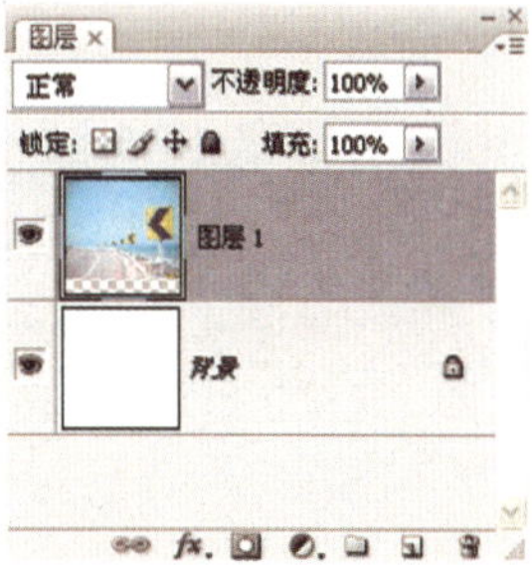

打草稿专用的通道

想画出一个大大的人头，将蓝色天空的相片放在这个大头上。试试使用**通道**面板功能，将通道当成雕刻橡皮章吧！按下**通道**面板的 钮，会新增一个叫做“Alpha”的黑色通道。

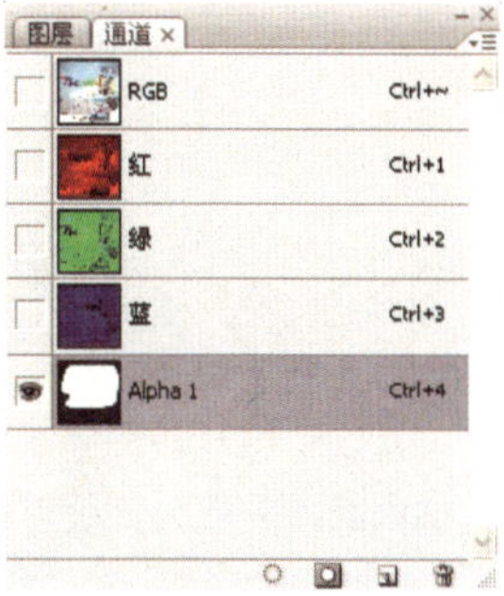

拿起白色的铅笔，先勾勒出大头的轮廓，一样都是以白色为显示区域，黑色为隐藏区域来作画。

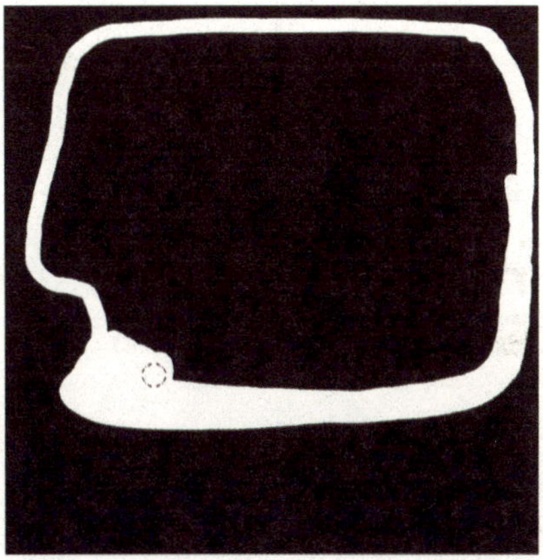

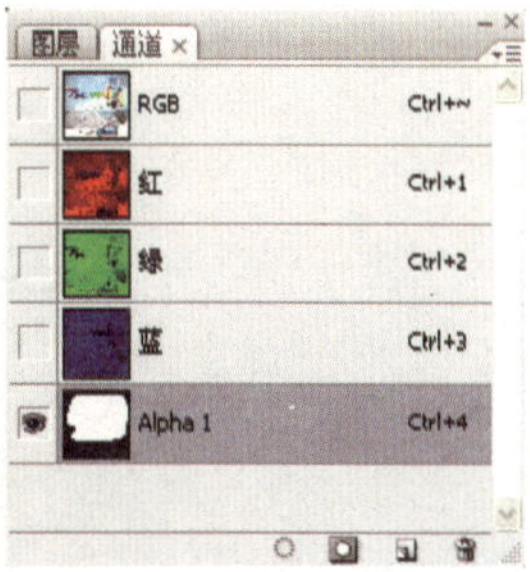

在 Alpha 上画画的时候，只要像雕刻橡皮章一样，用白色的色彩表示图案纹路，黑色代表被刻去的部分，就可以简单地画出图案来。画好了大头，请点选“Alpha”通道，按下**通道**面板的**建立新通道**按钮，就会把白色区域变成选取区，接着再点选“RGB 通道”，然后回到**图层**面板中。

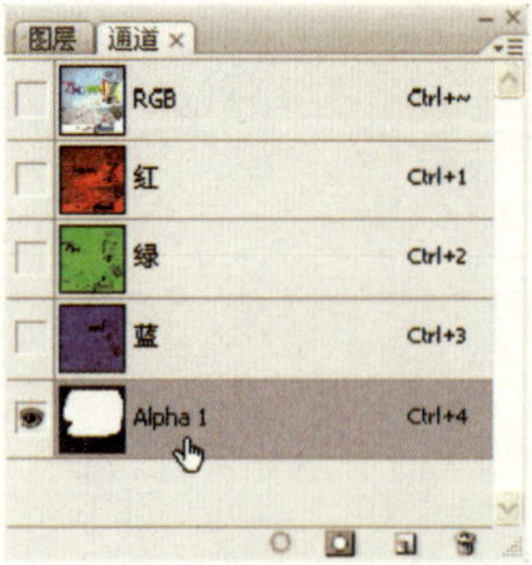

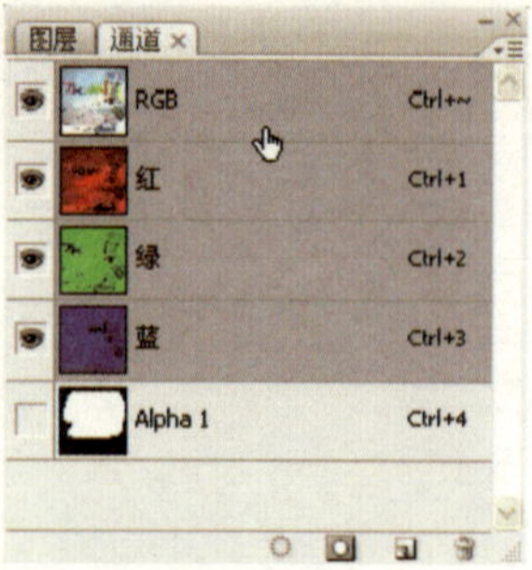

在影像中可以看到白色大头区域变成了选取区域，这样能清楚地理解通道的用途了吗？通道就是橡皮章的功能，用来区分那个区域要变成选取区域。

我们把相片的影像仅放在大头上，所以这也要应用到**蒙版**功能。按下**图层**面板的按钮，选取区域内的部分成为蒙版里的白色部分，选取区外的影像已经被遮住了。

如果觉得大头的造形需要再修改，可以点选蒙版缩图，然后利用白色与黑色修饰大头的轮廓。

选择白色画笔可以增加大头的范围，但如果不小心画出了范围，记得把**前景色**改为**黑色**，一样利用画笔把要遮住的部分涂一涂，就可以修正了。

接着按住图像图层缩图，拖曳至**建立新图层**钮上面放开，可以再拷贝一份同样的图层内容。现在我们要应用图层混合模式里的**滤色**功能，滤色功能可以让相片变得比较亮一些。

点选最上方的图层缩图后，**图层混合**模式选择**滤色**，利用混合变亮的原理，然后在蒙版缩图上勾勒出大头的五官。

新增一个空白图层，画上一辆车子，再点上黑色的眼珠与胡子茬，然后为大头先生加上小小的身体。

旅游日记中要记录什么特别的景点呢？我们将景点相片利用“**文件/置入**”的方式放入文件中，控制图档的大小后，按下**图层**面板的 [按钮图标] 钮，加入一个蒙版。

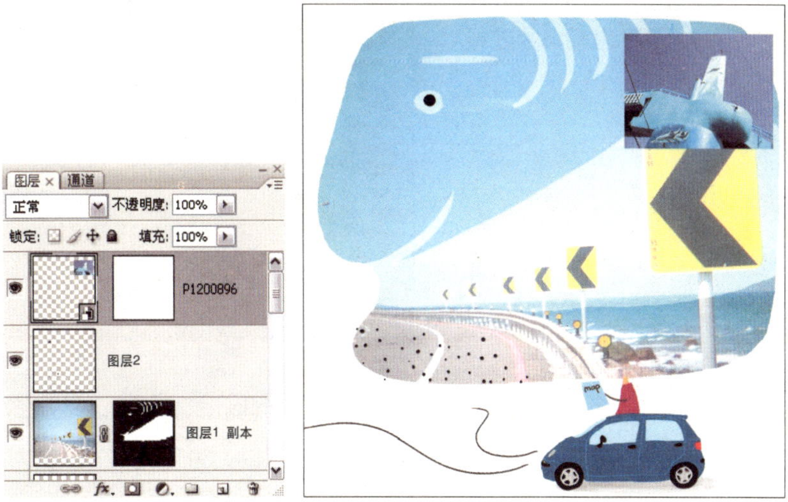

点选蒙版后，使用黑色的画笔把边缘修圆滑些。

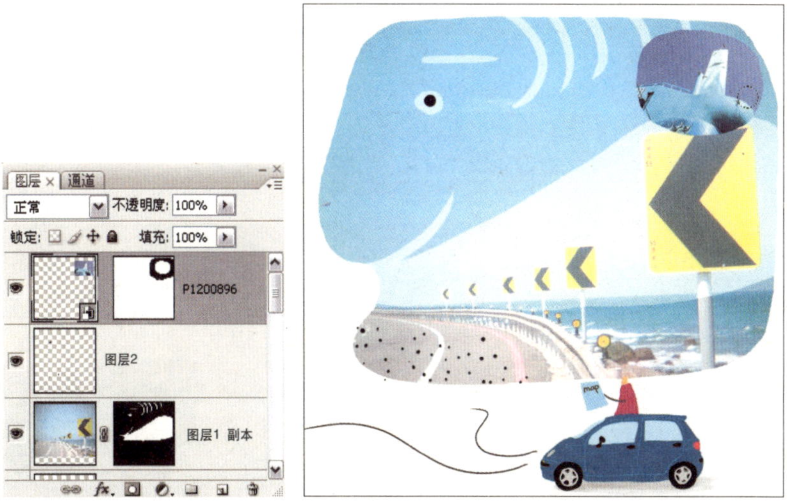

接下来点击**图层**面板上面的 fx 钮，选择**混合选项**，选择**内阴影**样式，可以调整阴影下落的角度与透明度，让相片好像在大头的下方。再勾选**描边**样式，加入蓝色系的笔画外框色彩，调整外框的尺寸。

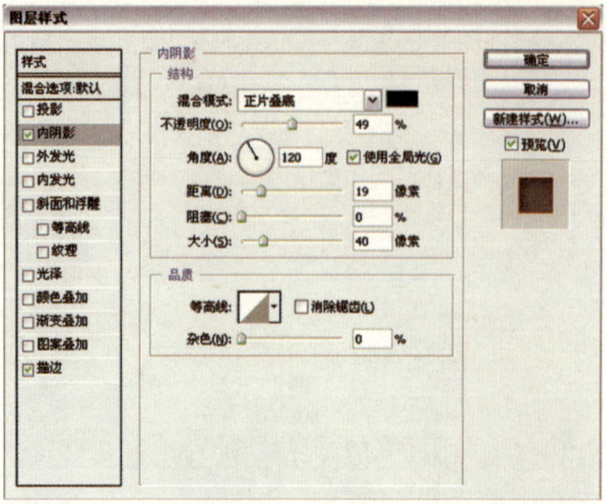

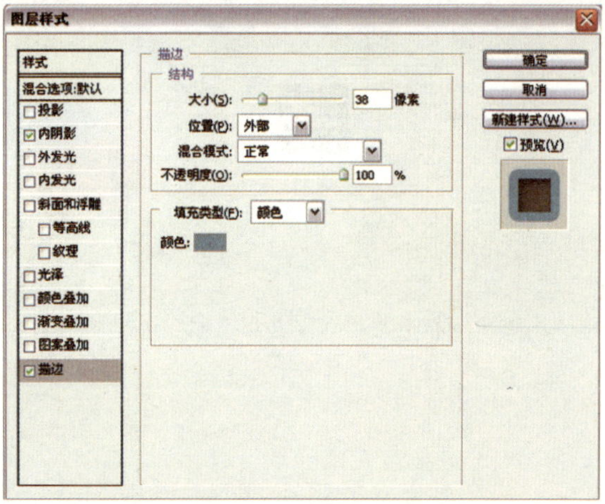

用同样的方式再置入两张相片，利用蒙版把边缘修圆，加入内阴影与笔画效果。

在最上方的位置新增一个空白图层，**画笔**面板上选择**版面上的大油彩蜡笔**画笔样式，在大头的上方大大地写出“Travel”。

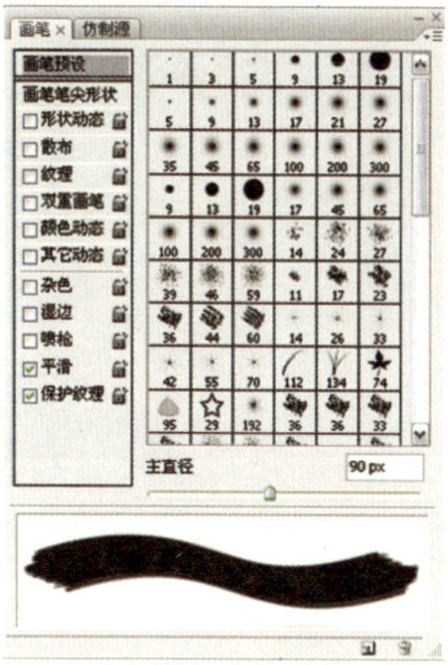

接着点击**图层**面板的**添加图层样式** fx. 钮，选择**混合选项**。我们选择**渐变叠加**样式，在**渐变**选项上点一下渐变色块，选择一个彩虹般的渐变色彩。

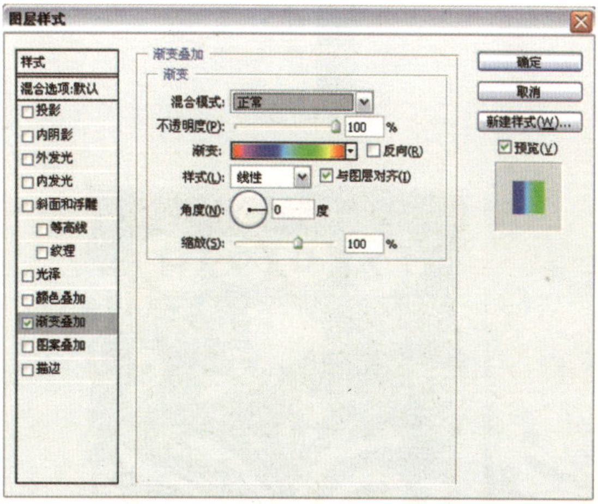

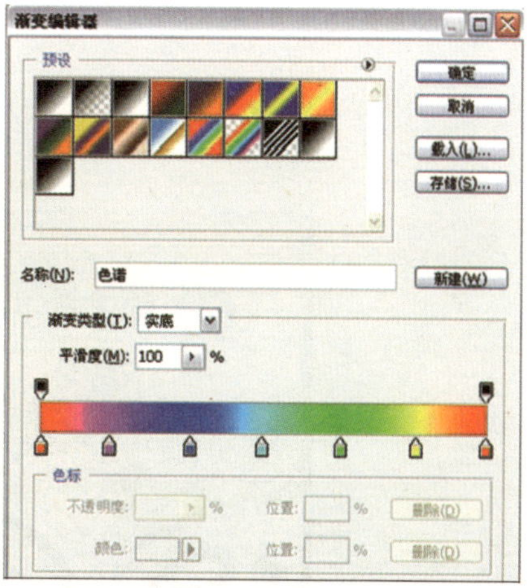

再选择**斜面和浮雕**样式，选择加上浮雕，文字就有立体感了。

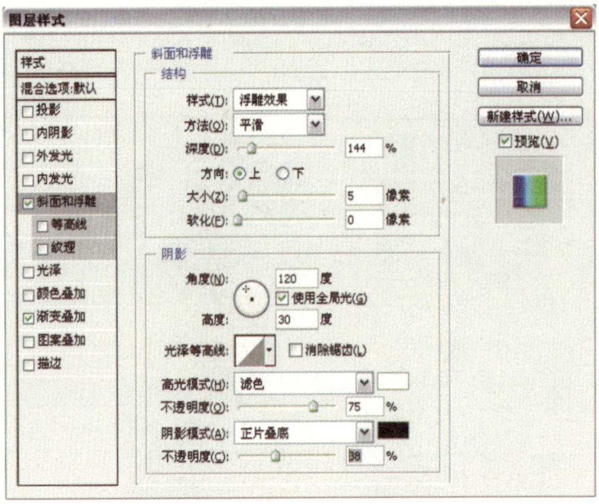

通道橡皮章，好好用多推广

因为通道的功能实在太有趣了，点击**通道**面板的**创建新通道** 钮，可以新增一块黑色的**橡皮**，再利用白色画笔在橡皮上刻出图案。画笔刻出来的若是线条，可以做一个**反转**的动作，交换一下色彩，可以有不一样的版画味道。

画出通道的图案后，按下**将通道作为选区载入**钮，变成选取区域，再点选 RGB 通道，回到**图层**面板上。接着按下**图层**面板的**添加图层蒙版** 钮，成为蒙版，就能在白色线条的地方显露出此图层的图案。

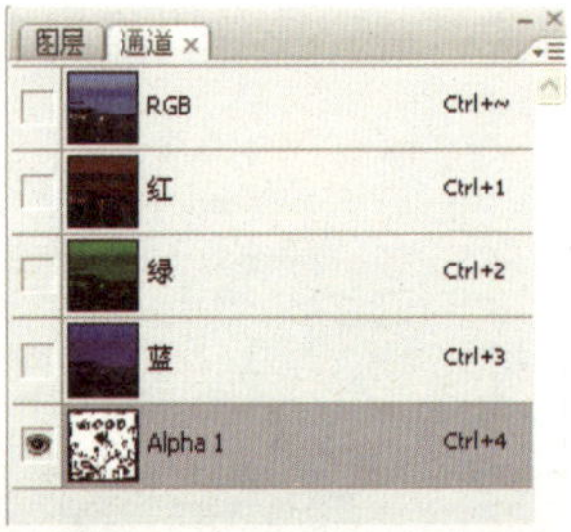

但是如果点选蒙版缩图或 Alpha 通道，然后执行“**选取/反转**”命令，就会将黑白调换，蒙版的部分改变了，感觉更不一样。

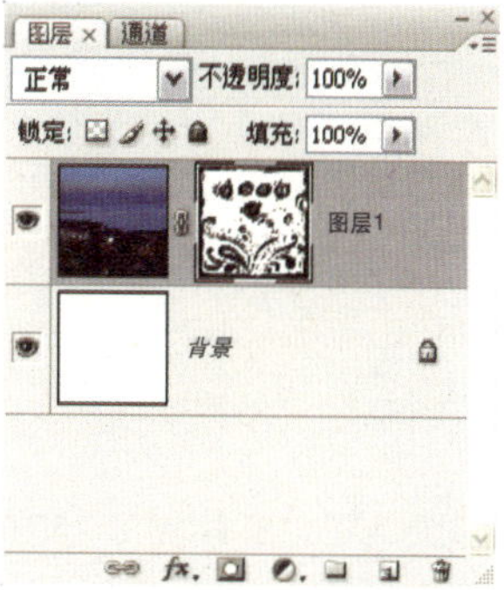

通道记录了我们画画的图案，随时都能配合新置入的影像图层，不同的影像与通道图案相搭配，效果更特别。

徐小妮 特别专栏——徐小熊出国记

我喜欢旅行，大多数的旅行，都是自己一个人走走停停，

只有少数几次是有亲人或好朋友陪伴的。

当我自己一个时，我会带着小熊陪我。

不论是为了开心而启程的旅行，

或者是为了遗忘悲伤而出发的旅程，

都有一个它静静地陪着我，跟我记录这一路上的点点滴滴。

徐小熊，是我在路边买的一个手工熊娃娃。

回家后，我自己做了一些小加工，在它的手脚上装入红铜线。

这样一来，小熊不仅可以站得比较稳，双手也可以摆出更多的姿势。

徐小熊陪我去过中国香港、美国和日本。

每次都拍了很多的相片，

可惜的是，我总是没空将全部的故事完成……囧

唯一完成的，就是日本之行的第一天。

我结合了绘本和拍立得两种元素，以相片和简单的文字记录下当时的心情。

如何制作拍立得?

您可以上网 Google 一些拍立得的相片，将中间的相片部分选取后按下 Delete 键，即可轻松取得拍立得相片的框架。

然后将相片叠放在此图层下合成。

我想……只要将回忆叠上
新的 Layer，就会康复

不要担心，很快地
我的心，就能跟我的脸一样
Smile

老天爷一直都很疼我的，
所以这次受伤一定是想教会
我什么，我一定会领悟出来的！

拜拜！冒险去！！
我每天都会告诉自己，我很勇敢！

记得吗？这是你看到我的最
后一个表情，现在我要以这个表
情出发，去把用光的勇气补回来！

不用检查了！！
我自首！我的心是碎的
不过，会尽快修好，放我走吧！！

出了关后，我给自己6天时间，
把你在我心中，脑中的所有表情
Fade out.

曾经有人告诉我～
橘色，是幸福的颜色。
我，太灰了，我很需要幸福的橘色

One · Two ·· Three ···
深呼吸……把你吐出去……

哈！自欺欺人!!
有那么简单就好了～

我的改变.
就从这秒开始……

脑子空闲下来时.
只想未来·不想过去

努力建设.
别再故意打击自己!!
试着相信,我！有令人欣赏的优点!

Don't be shy to
be his friend...
We still can be friends, as long as I'm brave enough～

虽然渺小.力量不大.也不聪明.
但我还是要立志做大事!!
去挑战跟我划不上等号的事

加油！加油!!
你会很好的！
每天都记得鼓励一下自己

我的飞机ANA～
Another New Adventure

双双对对.从我身后一直经
过.我突然想起.我曾说……
我的第十次.一定要跟特别的人飞

真是巧.一个月前的这个日子.
就是我飞向你的日子……
我万万没想到.竟会如此心碎……

飞机上人这么多.但能有几个
是跟我一样表里不一.皮笑肉不笑.
只要大力摇晃眼泪就会掉下来?

悲伤·无所不在·
连小点心.都能让我伤心

做任何事前.依旧不由自
主地想到你——
How's your day?

我在北·你在南·
你的世界还比我快一小时.
所以.我们的距离.从来没近过

没有人接机. again !!
大飞机.小飞机.加起来坐过十多
次.最爱的还是有人接机的那三次.

别浪费时间了.
走！下一站 !!

不夜城·新宿·就住那6天·
拥挤的人·热闹的街·嘈杂的店·
这些应该盖得过你给我的回忆.

又是满满的一车人.有人来工作.
有人来旅行.有人是回家.
那我呢?

我·是来中场休息的吧？
做个脑内环保，清掉些不好但又舍不得的东西，顺便把心修补回去.

车外的歌舞伎町热闹依旧.
车内的妮.今非昔比.....
老了点，憔悴了点，心碎了一点，但坚强很多 壮的勒!

车资：¥660円，拿了张千元钞给司机，司机找给我一袋的钱和祝福.

Cheers!
为自己的勇敢干一杯!!

别担心我. I'm who I was.
虽然有点偏离正轨.
But, I'll be back eventually.

我的心、我的身体、
都会健康地好好过.

我住的地方，在7楼. LUCKY SEVEN
I think... it's a good sign.......

这里的风景，跟你住的地方差很多，我并没有特别喜欢这个城市，只是这里可以帮助我遗忘

我是个累了、痛了、冷了、倦了也不会说出口的人，因为，说了也没用......
但这次，我真的是精疲力尽累了，很久没有好好地睡一觉了今晚，我一定要好好睡 z z z Z z z z ..

除了原汁原味看图说故事，您也可以将多次旅行的相片做个结合，做成绘本或心情故事送给朋友，一些不好意思说的心情或话语也可以通过这样的方式传达给对方，这样独一无二的礼物，最能够打动人心。^_^

UNIT 9

滤镜的应用

拍照这件事是一种感觉，相机拿在手上，感觉来了，“咔嚓”一下就是一个画面。不过很多时候，随手拍的结果只是当时的自得其乐而已，甚至自己再次浏览那些相片时都会觉得困惑，这样的画面到底是想说些什么啊？

“咔嚓”声太悦耳了……
我是在拍什么啊？

有些相片看起来很不起眼，但加上 Photoshop 滤镜的艺术魔法，它就可以变成一幅生动的图画。

用滤镜在相片上画画

启动 Photoshop，执行“**文件/打开**”命令，开启随书附赠光盘中名称为“rain.jpg”的相片。

我记得这张相片是某天下雨后的早上，走在巷子里随手拍的。当时是想拍下雨过后，植物上晶莹剔透水珠的样子，不过拍得不怎么样。如果我不说，应该没人知道我想拍什么，只有一堆乱七八糟的绿叶，毫无构图可言。不过，套用滤镜功能中的艺术效果，它就可以成为一个很棒的画布。

首先，复制此图到一个新图层，执行“**滤镜/艺术效果**”命令，您会看到有 15 种不同的风格变化供您选择。

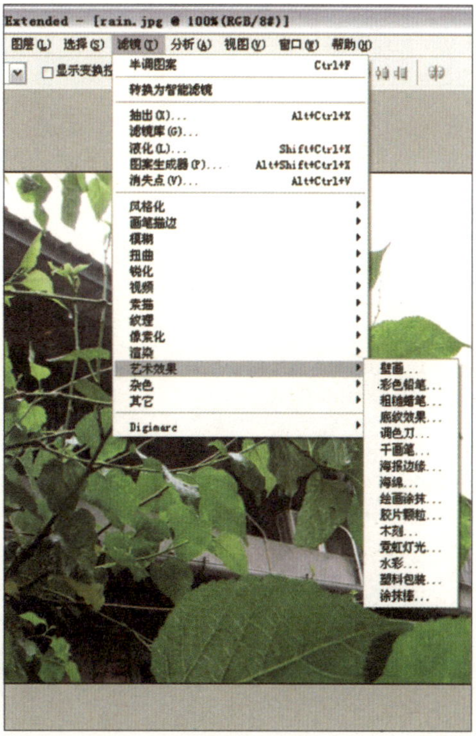

首先，试试**水彩**的效果。进入水彩选项的对话框后，左下角的“－”和“＋”可以方便您放大或缩小检视图片，也可以直接点击数字旁边的小箭头，有预设的倍率可选择。

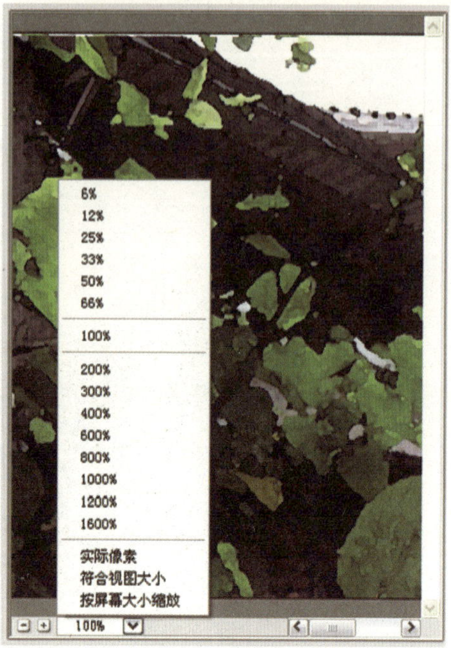

右边可以看到有三个选项，分别是**画笔细节**、**阴影强度**和**纹理**，请不要客气，每个选项都勇敢地试用一下，调整出想要的感觉。完成后，按下**确定**钮，瞬间这张相片就成为一幅水彩画了！

接下来我们再试试其他艺术效果。

木刻，效果就像剪纸一样。

海报边缘，影像多以色块呈现，而且边缘比一般明显，对比较强烈。

海绵，画面看起来仿佛还有点湿湿的。

干画笔，可制作出油画的感觉。

彩色铅笔，名字跟画面变化出的结果完全不符。

胶片颗粒，仍保留了相片的感觉，但多了一些颗粒，增添了神秘感。

粗糙蜡笔，给我蜡笔我也画不出这样的图。

底纹效果，很像是大师在有纹路的纸张上随性挥洒的作品。

涂抹棒，这有点像是震动时拍的模糊相片。

绘画涂抹，有粉彩画的笔触。

塑料包装，叶子好像都浮起来了，立体感很强。

调色刀，这样的画风我很喜欢，有一种粗糙的美感。

壁画，黑压压的，果然很有在墙壁上作画的感觉。

霓虹灯光，选择不同的光晕颜色，效果大不相同。

有了这些浓浓艺术感的图作为基底画布，在上面加个图层，增添一些个人色彩吧！您会发现，即使随便加几笔都很有特色。

建立一个新图层，使用**画笔工具**，随意加上一些短斜线，让天空下点雨吧！

在此图层上增加一个新图层，画上雨伞的骨架。

运用图层的概念为雨伞上色，记得养成群组的好习惯，以便管理图层。

完成后再建立另一个新图层，把您加到图画中吧！

在人物线条的图层下增加新图层，逐步完成上色的动作。

记得，要在雨伞的边缘加上一些溅起来的小水滴，会更生动哟!

您可以比较一下，用原来的相片当作背景，跟使用了滤镜水彩风格的相片当作背景，感觉是不是很不一样呢?

最后，只要再为这张作品加点字，它就更完整了。

比较看看，您最喜欢哪种艺术风格？赶快去翻翻那往日那些觉得拍得失败的相片吧！

玩一玩滤镜的功能，说不定能创作出一幅亮眼的作品来。

Spring Rain
Spring Rain
Spring Rain
Spring Rain
Spring Rain
Spring Rain
Spring Rain
Spring Rain

滤镜搭配手绘 —— 纪念日快乐

滤镜，可以让相片产生不同的质感，如果运用在手绘上又是另一种味道。

每个特殊的日子都值得庆祝。例如，结婚纪念日。我亲爱的表妹不久前刚满结婚一周年，也就是所谓的纸婚。为了让这张周年庆的纸张更有意义，我为她画了这幅图，献上满满的祝福。

启动 Photoshop，执行“**文件/新建**”命令（或按 Ctrl + N 键），输入文件名称（本例为“anniversary”）。**宽度**设定为 750 像素，**高度为** 590 像素，**分辨率**为 300 像素/英寸，**背景**为白色，按下**确定**钮开启一个新文件。

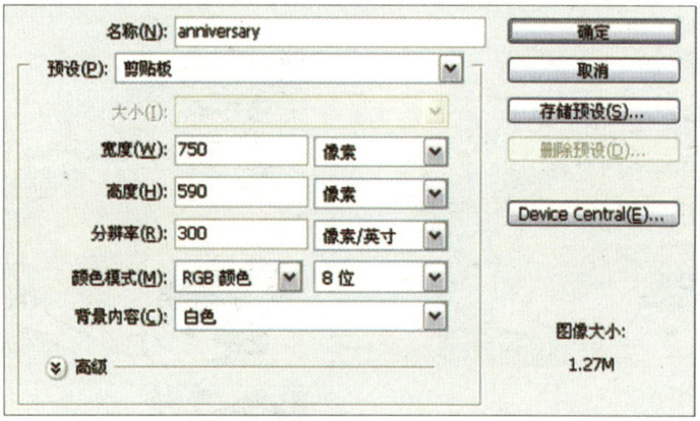

建立一个新图层，命名为“woman”，使用**画笔工具尖角3像素**，画出女性的图案。

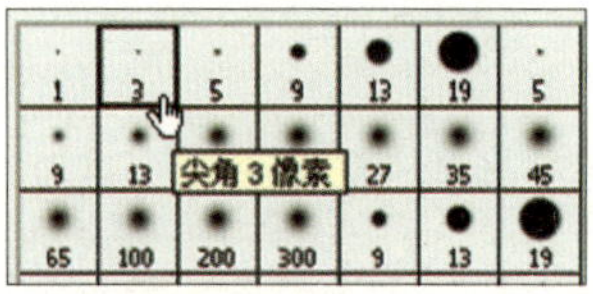

同上一个步骤，画出男性的图案，再用五线谱和音符将两个人连结起来。五线谱一点都不难画，只要先画出一条心形弧线，其他4条复制后叠上去就会整齐又好看了。抖抖手，别怕，别怕。如果您怕画不好，也可以开启随书附赠光盘中 ch09 资料夹的“纪念日人物线稿.psd”文件使用。

再打开一个新图层，命名为“color”，分别帮男女主角上色。

为了让人物更生动，可使用**铅笔工具** **尖角1像素**，在边缘处刷上一些阴影线条。

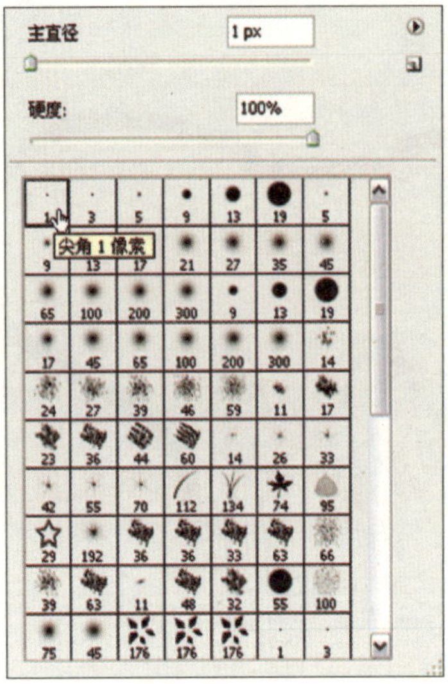

完成重要的主图后，接下来要用个温暖的背景来陪衬主角。建立一个新图层，命名为背景，使用**油漆桶工具** 或按 G 键，为背景填满奶油色。

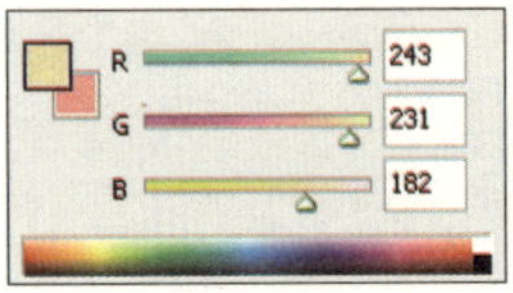

在上面增加另一个图层，选择**画笔工具**，使用**喷枪柔边圆形**45像素的画笔，记得在左方增加潮湿边缘的功能，为了让晕染的效果更具有水分感，记得将**不透明度**调成 50%。

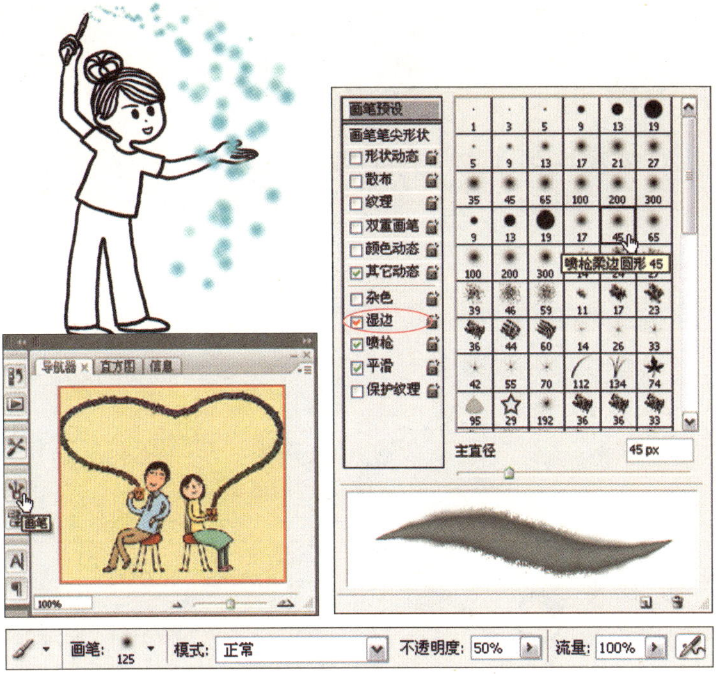

当您一层一层刷上去或点上去时，深浅的层次就像是水彩一样。

两人同心才会长久，再增加一个名叫“heart”的图层吧！我个人习惯只画半边心，将边缘切齐后复制，再水平翻转，两边接和后感觉就像是一体一样。

为了更突显出两个人的重要性，可在他们的头上打个聚光灯。在新图层上使用**喷枪柔边圆形100像素**的画笔，**不透明**调成 25%，在两人身边刷上阴影，营造出灯光由正上方打下来的效果。对了！千万别忘记，椅子下方要加上一点影子。

接下来就进入本单元的重头戏了。先将刚才所有的图层群组起来，点选最下面的一个图层，按住 Shift 键后点选最上面的图层，就可将所有的图层选取起来，接着按下 Ctrl + G 键，即可完成群组。

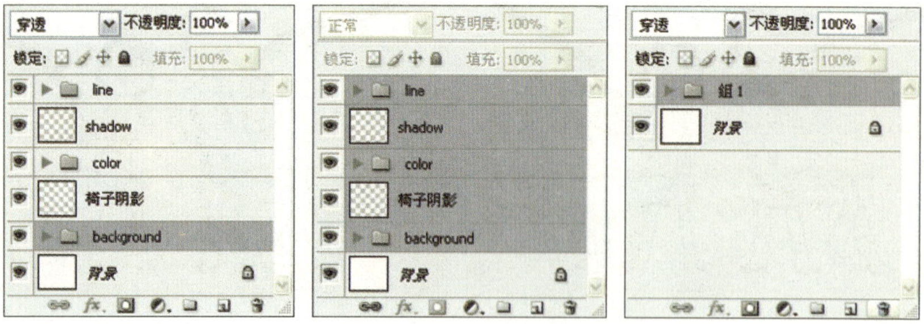

将群组拖曳至右下方的**创建新图层**钮完成复制。为什么要做这个动作呢？这个动作其实是帮自己买个保险，因为要为整张图做特殊效果之前，我们必须合并所有图层，万一过程中有什么闪失，至少我们还有原始的图层可以重新来过。

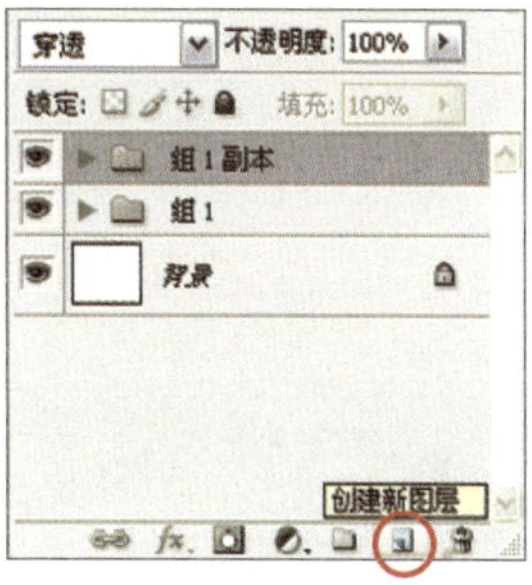

关闭背景与群组 1 的眼睛图示后，执行“**图层/合并可见图层**”命令（或按 Ctrl + Shift + E 键）将图层合并，接着就要运用滤镜来玩些特殊效果了。

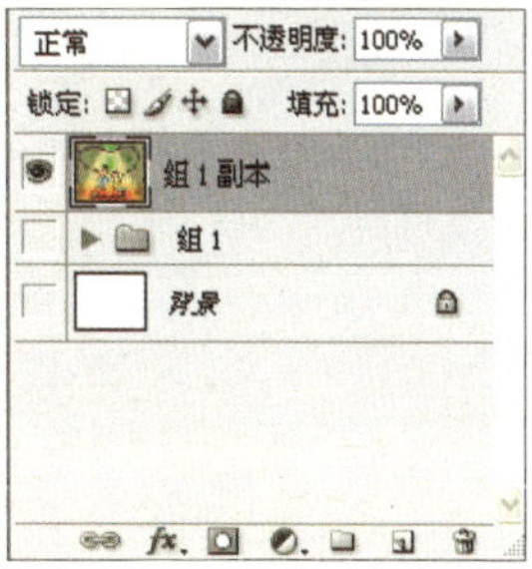

执行“**滤镜/纹理/纹理化**”命令，在画面中您可以看到许多的玩法，纹理可选择材质，缩放可调整纹理的粗细，浮雕则决定了纹理的深浅，您可依个人喜好调整出喜欢的感觉。

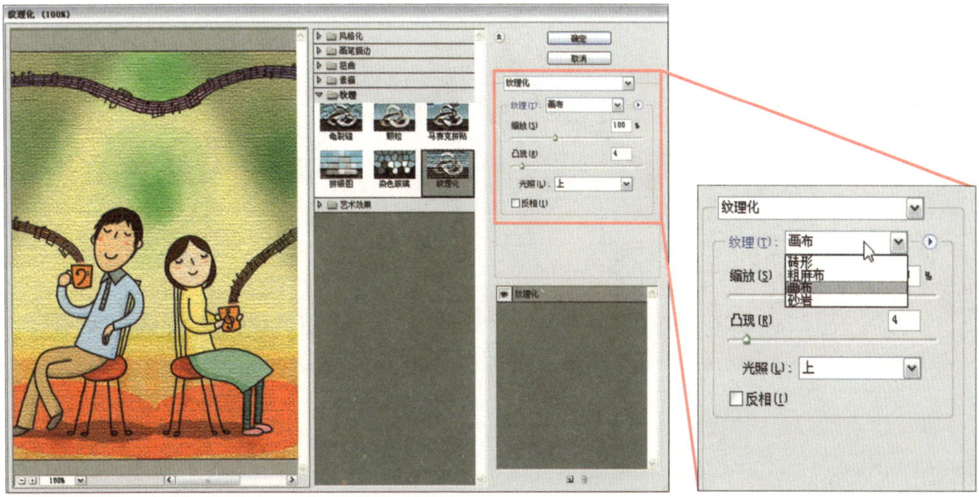

这是画布的感觉。

这是砖形的效果，看起来就像画在墙上一样。

这是粗麻布的质感，感觉像把图画印在壁纸上。

这是砂岩效果，很像在水泥墙上画了图。^_^

最后我选择了画布，上面再多加一个文字图层。当啷！完成了！

在滤镜的选项中，还有许多小玩意，每个都有不同的感觉，大家可以多多尝试。

滤镜/风格化/浮雕

看起来有刻在钢板上的味道

这是什么样的感觉呢？我也说不上来，糖果风？

滤镜/风格化/查找边缘

很像夜店里的霓虹灯。^ ^

有老电影的感觉。

滤镜/纹理/粒状纹理/颗粒（类型：垂直）

有浓郁的瓷器感。

滤镜/艺术效果/塑料包装

很单纯的黑白拓印，跟灰阶不一样啊！

滤镜/素描/影印

瓷砖可大可小，如果输出当壁纸贴应该也很有趣呀！

滤镜/纹理/嵌砖效果

很像小时候上美术课时学素描的感觉，既简单又舒服。

滤镜/素描/绘图笔

看完了一堆范例，这时的您应该心里有很多灵感与创意，快点拿出随书附赠的光盘，开启档名为“纪念日”的 PSD 档，做出属于自己的味道吧！

UNIT 10

徐小妮 铅笔的效果

记得刚开始学习使用 Photoshop 时，我最讨厌、也根本不想使用的就是**铅笔工具**。理由很奇怪，除了觉得它一点都没有铅笔的笔触之外，就是不喜欢它锯齿般一格一格的边缘。

直到有一天，当我站在幼儿园布告栏前，看着小朋友的画作时，突然很有感觉。原来，粗糙的线条是另一种真实不做作的美……

充满童趣的杯垫

启动 Photoshop，执行“**文件/新建**”命令（或按 Ctrl + N 键），输入文件名称“杯垫”。**宽度**设定 600 像素，**高度** 600 像素，**分辨率**为 300 像素 / 英寸，**背景色**为白色，按下**确定**钮，开启一个新文件。

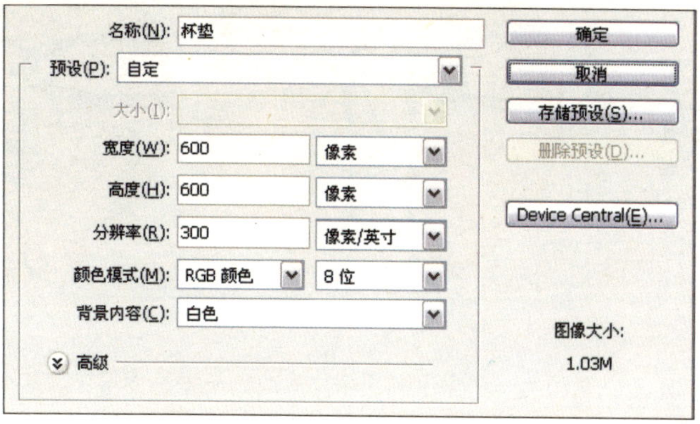

使用**椭圆选框工具**，按住 Shift 键后在画面中拖曳，就可以选取出一个圆形。

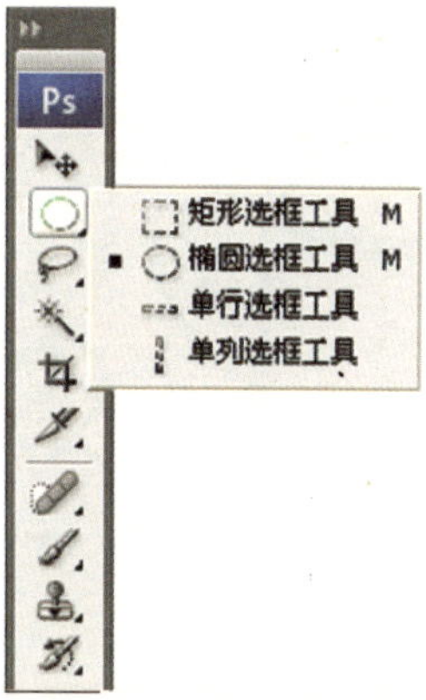

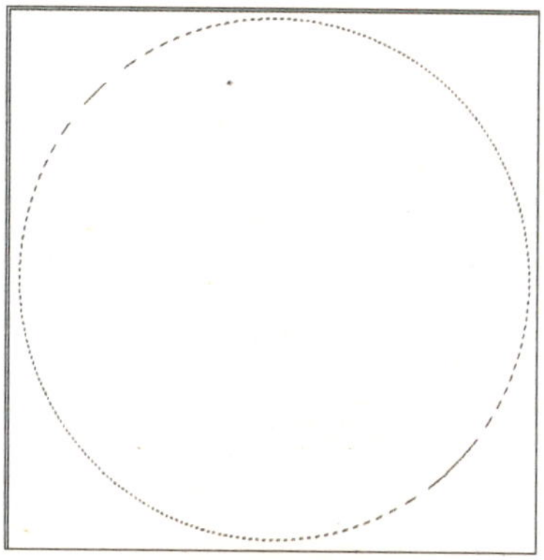

再使用**油漆桶工具**（或按 G 键），在**背景**图层填满橘色。

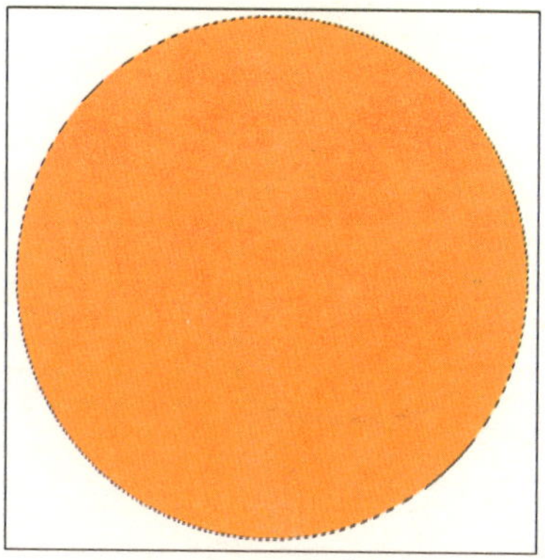

建立一个新图层，让我们使用**铅笔工具**在这个圆圈里涂鸦吧！我用咖啡色来构图，画出杯子与方糖。

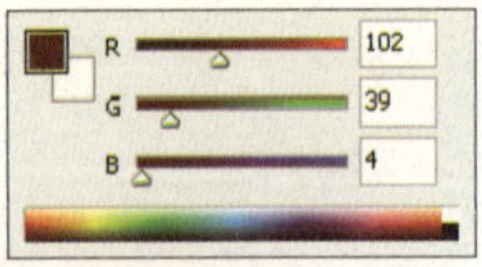

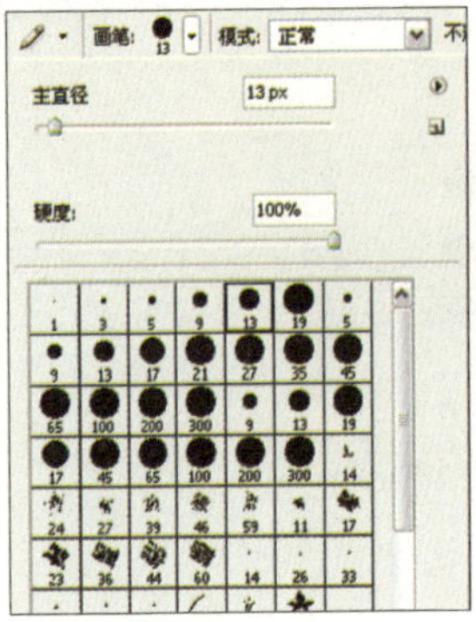

增加另一个新图层，画出另一种角度的方糖，再回到原本的图层，将多余的线条用**橡皮擦工具**擦掉。

再增加一个图层，将杯子倒满饮料，加上满足的笑容，飘出阵阵香气，然后写上“Take a Break”的字样。为了方便管理，记得善用群组的观念，将线稿集中起来，轮廓就算完成了。

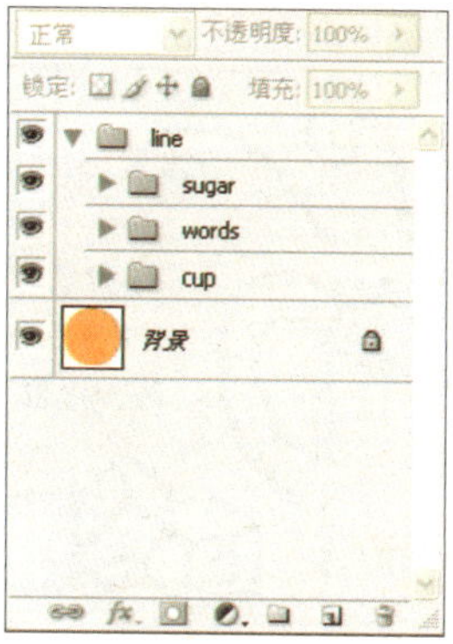

在线稿图层的下面新增另一个图层，我们要用铅笔以不同的方式上色。设定使用**尖角 1 像素**的铅笔工具，顺着轮廓的线条同方向上色。只要带过即可，不需要刻意填满色彩。

运用同样的手法将其他的区块上色。

饮料部分则用画圈的方式上色。

画杯子的握把时就像画耳朵一样，用线条来回重复画，先用浅色，再用深色加深阴影部分。

画杯子的主体时，先沿着杯口的弧度来回滑动上一层底色，即使不小心涂出去也没关系，完成后再用橡皮擦擦掉就好了。接着再用深浅不同的线条，以垂直的方向涂上另一层颜色。

杯口部分换个颜色，一样是以弧线的方向来回上色。

杯子飘出的香气，可换成**尖角 5 像素**铅笔工具，大概描画一次。

为了让画面更热闹，再加个格子桌布吧！一样使用**尖角5像素**的铅笔工具随意画出格子，不整齐也没关系。

增加一个图层，将该图层的**不透明度**调整至 70%，加上横线。再增加一个图层，将该图层的**不透明度**调整至 60%，加上纵线。

接着，在文字旁描一次边来增加厚度和立体感，再加几个可爱的白点，一个充满童趣的杯垫就完成了！

仔细看看，虽然颜色分布得不是很均匀，但铅笔上色就是有一种单纯且平凡的可爱感觉。

UNIT 11

重复性

曾经在美国过了两次圣诞节，印象都很深刻，所以每次一到 12 月，那些回忆就会再次发酵。想起曾经一起过节的朋友们，想起下雪的日子，想起街上热闹的红与绿，脑子里通通都是满满的圣诞画面。

这样的节日，会特别想跟住在自己心里的那个人一起过……

只不过，这个愿望到现在还没有实现。

所以，我还在等待，或许某年的圣诞节，我可以是哪个人心中最期待的、独一无二的 Santa……

独一无二的 Santa

启动 Photoshop，执行“**文件/新建**”命令（或按 Ctrl + N 键），输入文件名称为“Be your Santa”。这次我们做个大一点的方图，完成后不仅可以当 MSN 的头像，还可以拿去输出，做成卡片送人。

画个 Santa

宽度设定为 1000 像素，**高度** 1000 像素，**分辨率**为 300 像素/英寸，**背景色**为白色，按下**确定**钮开启一个新文件。

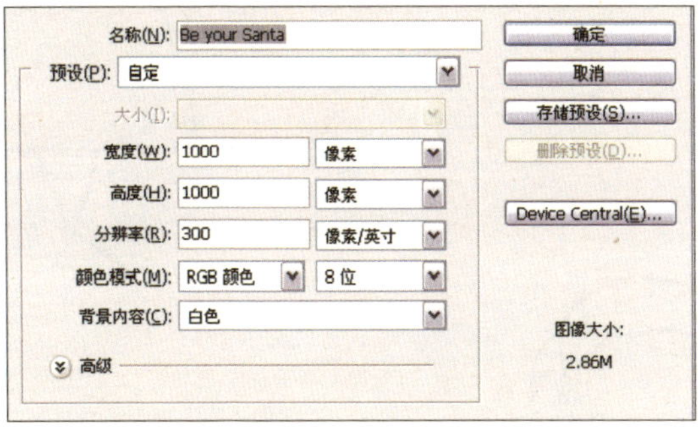

建立一个新图层，命名为“Santa”，使用**尖角 5 像素**的画笔工具画出圣诞老人。

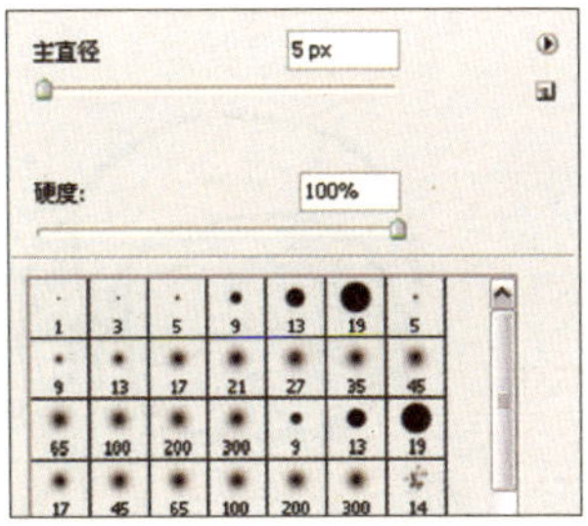

这时您一定会想：圣诞老人，说画就画得出来吗？

别担心，您一定画得出来，让我告诉您一些小方法。

无中生有对您来说可能真的很难，您可以先 Google 一些圣诞老人的相片当作自己的资料，多看一些图片，慢慢架构自己想要的造型。当然，您也可以模仿图片上的人形来画。

1 将人物用一个图层简单化，把每个区块都用简单的形状先画出来。

2 可以将此图层淡化（调整图层的**不透明度**就可以），以此为背景，发展出其他细节。开启一个新图层，命名为“body”，先画出大概的体形，手、脚、帽子和胡子。

3 增加一个“face”图层，画出脸部的细节。

4 八字胡的地方有多余的线条，回到“body”图层用橡皮擦修掉，就是一张干净的脸了。

5 再增加一个图层，画出衣服、袖子的毛边和皮带扣，然后一样回到“body”图层，修掉多余的线条。

这是将背景图层关闭后的模样。

请一定试着做做看，或许刚开始时还不熟练，您一定要多多鼓励自己，毕竟没有人不用练习就能做得很完美的，多做几次之后，您一定会有很大的进步！

画个 Santa Ni

采用同样手法，再画出一个代表自己的圣诞造型人物“Santa Ni”。

上色

为了方便等一下复制，先将两个人物分别群组起来。接着，做个买保险的动作吧，将两个群组复制一下。

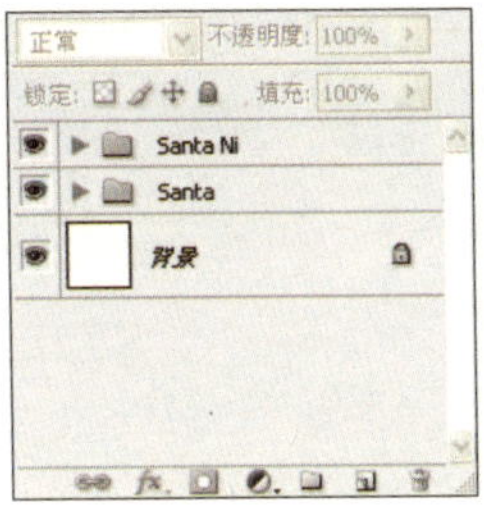

关闭其他图层的眼睛，先留下“Santa Ni”，执行“**图层/合并可见图层**”命令（或按 Ctrl + Shift + E 键）。

相同的步骤再做一次，这次合并的是“Santa”的图层。

为了能突显出个性化人物的特征，我们对圣诞老人做些特殊变化。执行“**图像/调整/黑白**”命令（或按 Ctrl + Shift + Alt + B 键），按下**确定**钮，您会发现圣诞老人变成黑白版的了。

咦？既然要黑白的，为什么不一开始就用黑、白和灰上色？那是因为我们都不是高手，要变成这种多层次的灰阶，还是交给电脑处理比较快。

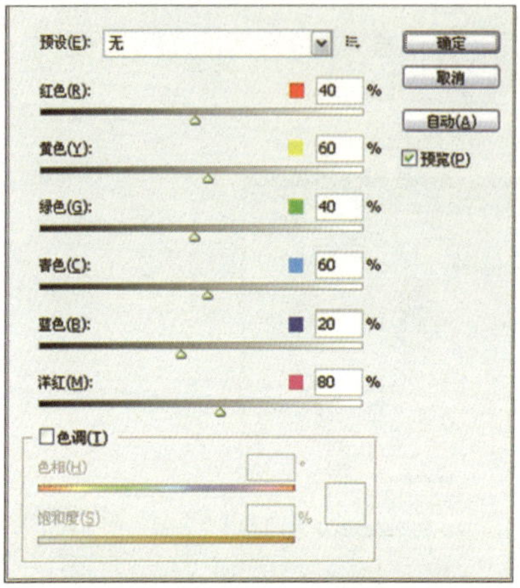

复制图层的方法

复制图层的方法有很多种，您可以选择自己最习惯、最适合的方式。

① 点选想要复制的图层，拖曳至下方的**创建新图层**。

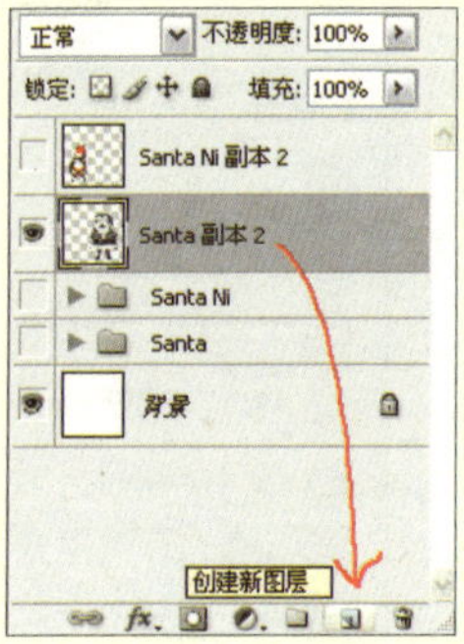

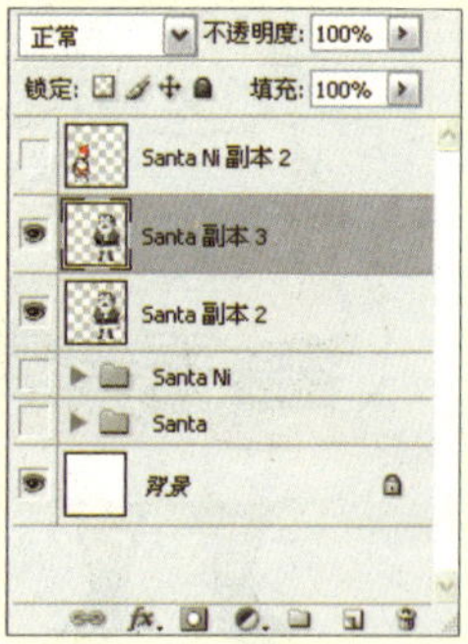

② 按 Ctrl + A 键将画面全部选取后，按 Ctrl + C 键复制，再按 Ctrl + V 键粘贴。您会发现，复制了一个一模一样的新图层。

③ 按 Ctrl + A 键将画面全部选取后，再按 Ctrl + J 键，在旧图层的上方复制出新图层。

下一步，我们要将两个人物都缩小到差不多大，比例大概差不多就可以了。

如果不想复制成新图层，只想将选取的物件复制在同一图层上，您可以这么做：

④ 使用**移动工具**，按住 Alt 键拖曳，将拖曳出的物件放到您要的位置。

⑤ 使用**选取画面工具**，按住 Ctrl + Alt 键拖曳，将物件拖曳至您要的位置。

上面的 5 种方式都可以达到复制的目的，每种方法都建议您试试看，挑出最喜欢的，然后记住它。

复制的魔法

接下来，就要开始施展复制的魔法了！

复制出圣诞老人兵团后，就可以使用**移动工具**让他们排排站整齐。

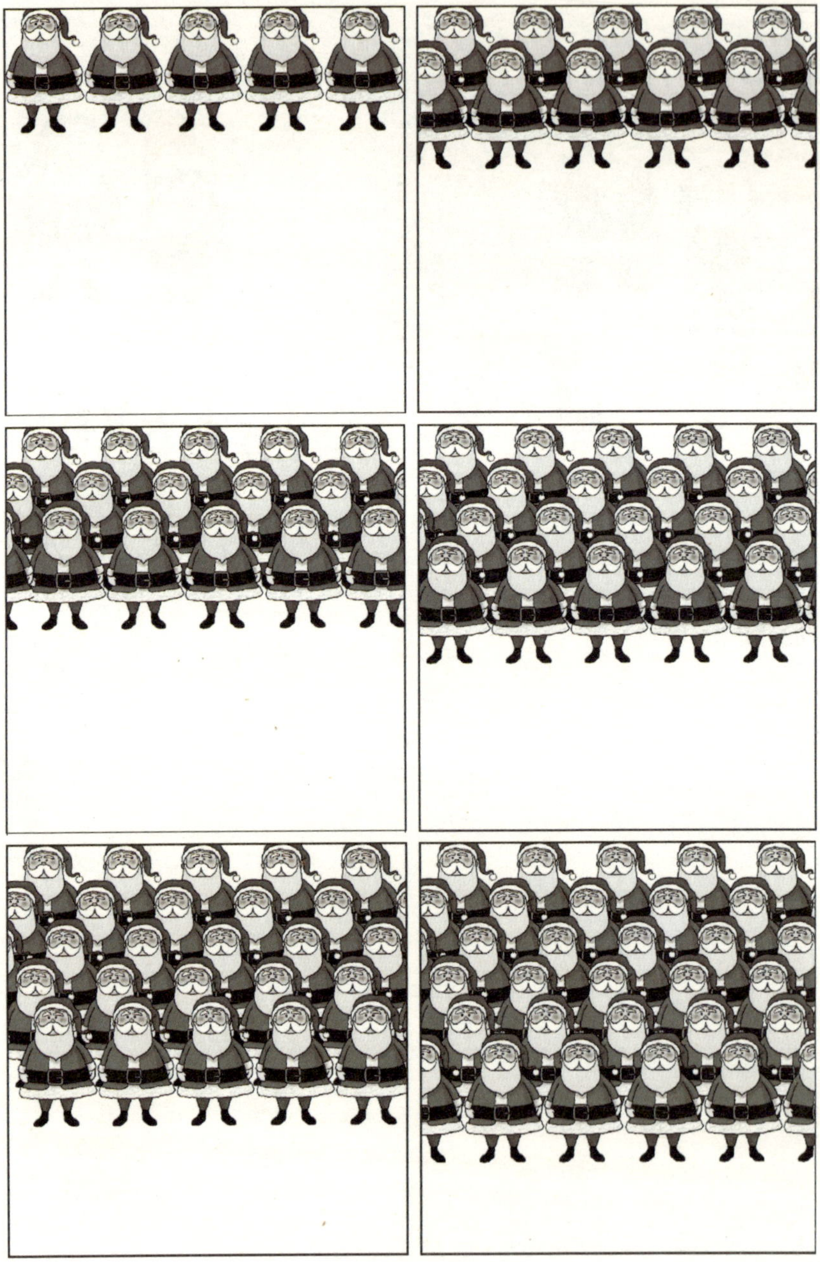

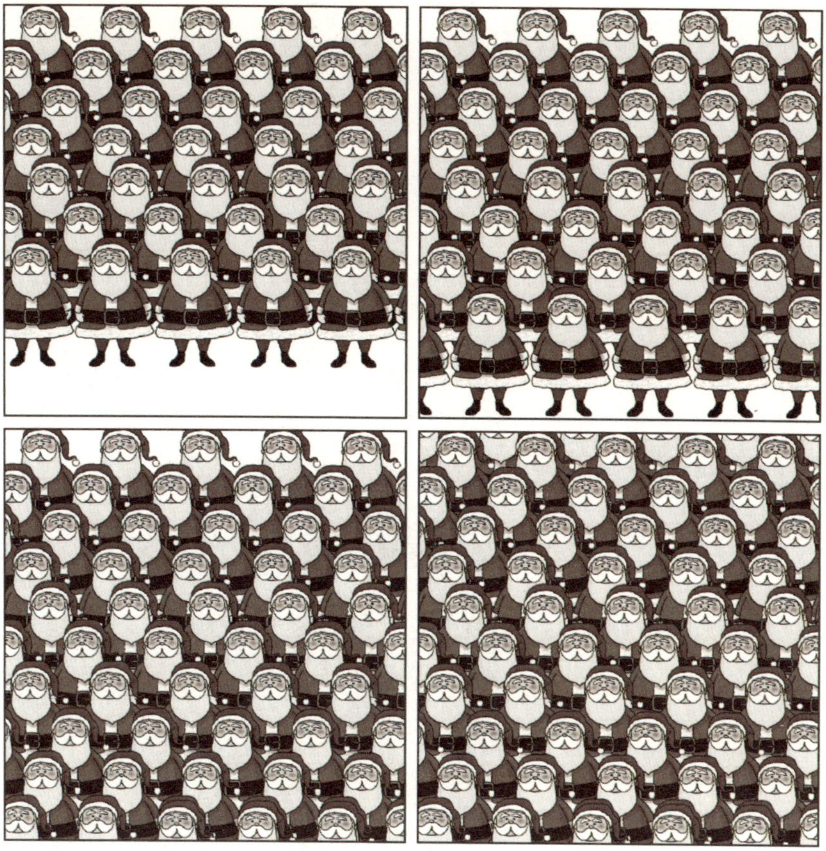

挑一个最中间的位置去掉圣诞老人，将代表您自己的人物放上去。

为了突显出独特性，我们再做些小变化。点击两次该图层，开启**样式**对话框，调整**外发光**项目。

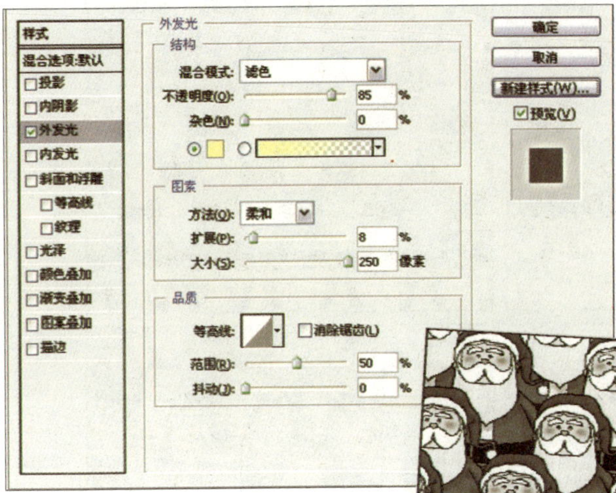

独一无二的您，

独一无二的礼物，

独一无二的祝福，

完成了！

这种重复性的表达方式在很多节日都可以运用，生日、情人节、父亲节和母亲节等。您可以动动脑，考虑要运用什么样的灰阶物件排列，来突显出您的特别。

举例来说，您可以将本范例中的黑白圣诞老人，变成一个个的黑白礼物，而最中间的位置，就是装在礼物盒中彩色的自己。这样的画面加上任何祝福的话语都很适合，可称得上是所向无敌的祝福万用卡片，心动了吗？赶快试着做做看吧！

Smile

Smile
100%
HAPPINESS

J'attends...

HAPPY
HALLOWEEN

How are you ?

I love my life

Wanna play?

a cup of happiness

干一杯!

特别专栏——任何时候都是适合拍照的时刻

捕捉有趣的事物

这些都是我的宝贝

我有许多相机，传统的与数码的，还有玩具相机与 LOMO 相机。拍照很简单，只要您丢掉杂念，就能拍出好相片。

什么叫杂念？就是欲望——想把所有最美的东西都塞进同一个画面里。排骨饭虽然好吃，但如果把所有菜全塞进一个饭盒里，您就感受不到排骨的美味，不知道到这个饭盒的重点在哪里。

别贪心，觉得景物很美那就拍景物，景物塞不下整个画面，那就拍局部之美。重要的是看得到重点，而不要在意物体的外形。

拍照也不用在意焦点准不准，因为很多焦点不怎么清楚的相片，模糊的轮廓反而带来一种柔软、舒服的感觉，太锐利的相片反而有时让人觉得太吹毛求疵了。

长时间曝光模糊的画面令人感觉在梦境中一般。

1. photo by JC

2. photo by JC

3.猫咪伸懒腰，虽然焦点对错了，但画面一样精彩。

4.12 号兔子，与 20 号兔子，代表着特别秘密的事。

5.拍照时好奇的猫咪走过来，虽然模糊了，但那好奇的表情真美丽。

6.婚礼上匆忙中拍到的画面。

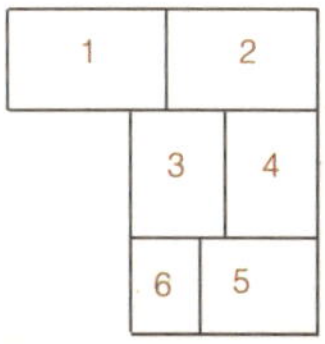

任何时候都是适合拍照的时刻

失恋了，哭得好伤心，

我会拍下我哭泣时的表情，

将来告诉自己，

当时的自己有多执着与傻气。

难得在街上看到老夫老妻手牵手，

我会偷偷地拍下来，

握在手心的皱纹，

是他们相爱一辈子的证明。

我会每天记录家里猫咪的一举一动，

当它们淘气、使坏、蜷缩着睡着，

那装着无知又可爱的身躯，

都让人觉得活着真好……

一切画面，只要让您有想要拿起手指头，对着眼前的画面按下**咔嗒**的动作，那就是拍照的时候……

胶片与数码

我想现在要找一台数码相机不难，反而要找一台传统胶片相机有难度吧？

生活越来越数字化了，影像也数字化，书也变成了电子书，全部的操作都用食指进行，信息的获取也越来越简便了。

一开始，我常拿着小小的胶片相机拍照，后来演变成传统单反相机、数码单反相机、高阶数码单反，但现在反而慢慢地走了回来。当速度太快时，许多人开始慢下脚步，玩起了小DC或照相手机，现在我就玩起 LOMO 胶片相机。

http://www.wretch.cc/album/JessieJieh

© photo by JC

© photo by JC

© photo by JC

© photo by JC

JC的黑白底片拍得相当有味道

胶片的银盐味会让人更想在影像中平稳地呼吸

LOMO与玩具相机

最近 LOMO 相机又开始流行了，让许多朋友纷纷问起，什么是 LOMO 相机？

其实 LOMO 这个名称是列宁格勒光学仪器厂的缩写，早期主要是间谍使用的相机，没有特别优秀的镜片与技术，拍出来的相片有明显的暗角，偏色明显。因后来有玩家在古董店买了 LOMO 相机后，发表摄影展而声名大噪，现在成为许多年轻玩家必玩的相机。

LOMO其实就是低保真的影像，大家玩起没有摄影规则不受影评影响的影像游戏，一切都是为了开心。

LOMO 相机其实很便宜，市面上也有许多低价位的传统相机，只是塑料外壳加塑料镜片就可以拍照，不过也出品了许多特别的相机，我们称之为玩具相机。例如，四格机和二格机等，还有熊猫机和鱼眼相机等。

LOMO 相机的选择有很多，玩法更加特别！

介绍各位到 LOMO 网站的大本营去瞧瞧，可以了解一下有哪些 LOMO 相机，也能看看别人是怎么玩 LOMO 相机的。

将胶片相机拍的相片制成数码影像

现在相片冲印店都能帮消费者将胶片相机的底片扫描成数码影像，刻录在光盘里，这就相当方便了！如果只有相片没有底片，也可以用相机翻拍相片的方式制成数码影像，这样就能在 Photoshop 里进行修改了。

http://www.lomographyasia.com/home/

http://blog.lomo.com.tw/

UNIT 12

相片就是照“骗”

拍照最能反应贪心的程度，

想把所有东西塞进一张相片里，什么东西都是重点，就会变得什么都不是重点。

不如学会减法创意，反而更能获得共鸣。

虽然从事摄影与影像图书编辑工作，但有时会因为“造假”，让自己的“诚信度”大大降低。

修过之后，什么胎斑、眼袋、缺牙等全部不存在了，从相片上看来，可以让自己觉得美了许多，真是要命的 Photoshop。

不过信心也是从 Photoshop 里开始建立，少了一些东西，多了一些东西，原来我也可以那么美，那天的天气也能那么晴朗，桌上的那杯咖啡也能拥有 1000 元一杯的卖相，一切的**“假相”**，能使我们开心就好!

以下是网络上很有名的人工美女影片。

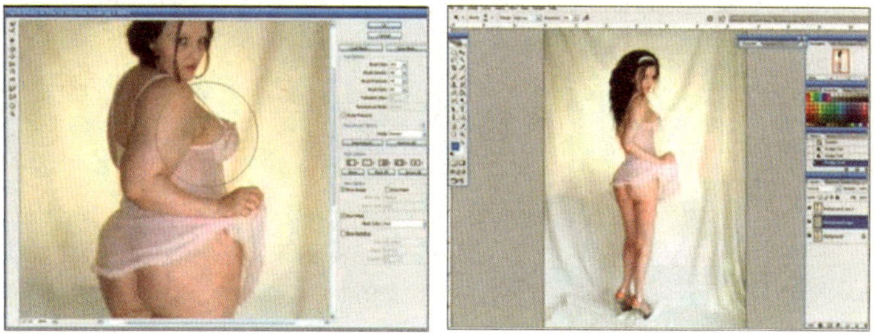

http://yourdailymedia.com/

http://www.wretch.cc/blog/sugarbomb32d

数码相机拍出来的相片一定得修，不管有没有痘痘，一定要进 Photoshop 里稍加改造一下，可能只是把明度提高或把彩度拉高这些“小手术”。而我们最爱的影像手绘作品，若不想作品被相片的比例限制住，就得自已进行裁切或增加版面。Photoshop 的行骗能力很强，我们都爱它的骗人技巧。

原本的相片也还不错。

但拉高反差后，花瓣更晶莹剔透了。

相片太暗了，相机太差，
肤质也好像变差了。

修图后真是太美丽了！

1. 帅气！我爱这么可爱的生物
2. 拍拍陷在泥沙里的脚
3. 在沙滩上写写字
4. 乱跳一通
5. 秘密基地
6. 瞻前顾后的人生
7. 城市五线谱
8. 北海岸的公共汽车站
9. 天空的宽广显出我们的渺小

1	2	3
4	5	6
7	8	9

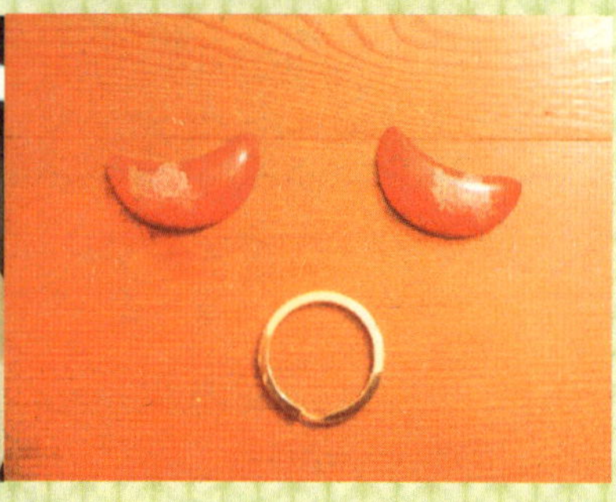

10	11	12
13	14	15
16	17	18

10. 好久没一起喝杯咖啡了
11. 暂时空虚的椅
12. 猫咪赏花记
13. 浮现外星人眼睛的卡布奇诺
14. 归航
15. 奶
16. 约会
17. 午餐
18. 苦笑

留点空间让你想像

无论您是拿什么样的相机拍照，单反或双反，胶片或数码，拍照前请先发挥想像力吧！

拍照不必将被拍摄物塞满整张相片，留点空间，让想像力有地方可以延展。

就像舞蹈一样，舞台的留白与填满都是一种语言，从左边跳到右边或从右边走到左边，原地旋转、跳跃，还有静态与动态的肢体，带给人的感动都不一样。

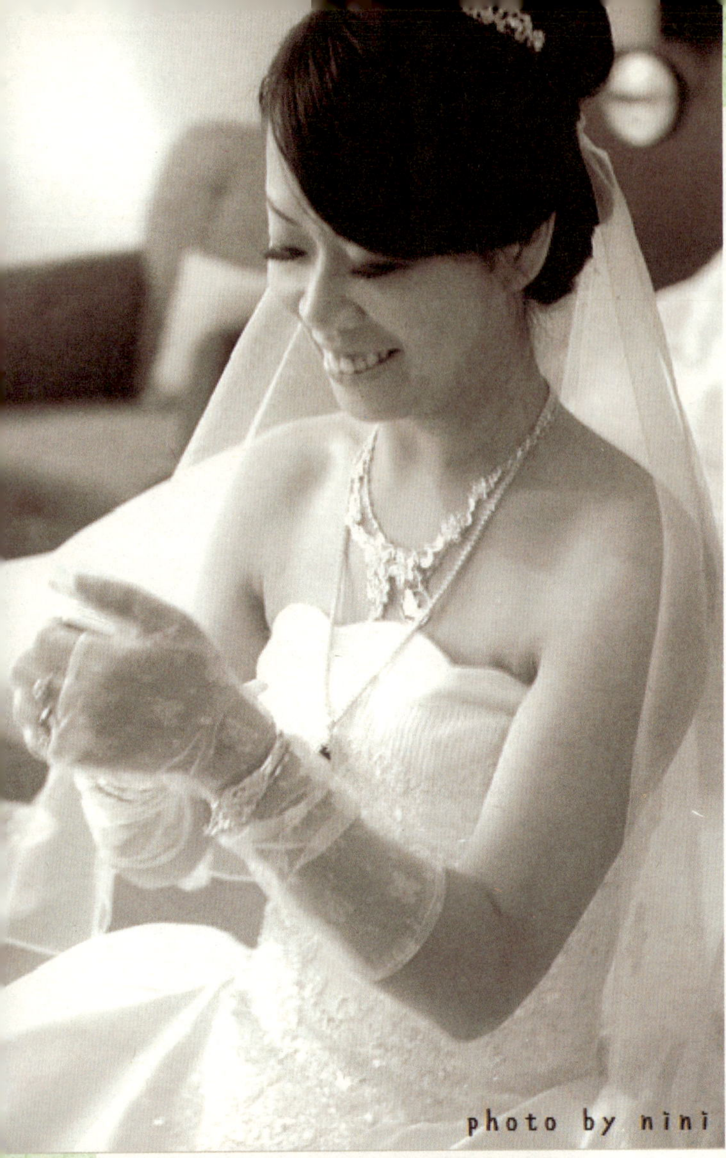

心中的那把剑

电影《英雄》中的**剑有19种写法**，真让我印象深刻呀!相片的长宽比不是固定的 4:3 或 3:2，应该打破 CCD 尺寸与胶片相机的框框，您心中的相片大小都依您的喜好来设定。

1.这是 3：4 的相片比例

2.这是 1：2 的相片比例

3.这是 1：1 的相片比例

4/5.您可以大胆地决定相片的比例

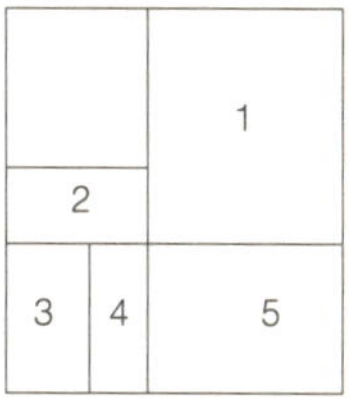

打开随书附赠光盘里的“喵喵.jpg”文件，竖幅相片想变成横幅的构图？简单！交给 Photoshop 里的**裁剪工具**就行了。

利用点→拖拉的方式来划分保留区域和不保留区域，还可以事后按住控制点来控制裁剪尺寸的范围，结束后按下 Enter 键就能顺利裁剪，尺寸很简单就能重新设定。

选择**裁剪工具**后拖曳裁切范围

按下 Enter 键后就完成了裁剪工作

还可以按住控制点调整裁剪范围

一张相片可以想怎样构图就怎样裁剪，就看你怎么发挥了!

简单修相片

相片是用来赏心悦目的，除非您专拍写实写真的相片。不管是使用什么样的工具拍照，只要能转换成数码影像，就能用 Photoshop 来修片。卡布妮妮想教各位一些简单的修片技巧，玩相片手绘时，也能大大地加分呀!

相片亮一点・暗一点

拍的相片如果太暗，可以选择“**图像/调整**”功能菜单里的**色阶**、**曲线**、**亮度**与**对比度**等命令，都可以调整相片的明暗度，这里介绍**曲线**作为调整影像曝光度的工具。

例如，右方的相片就是在阴天时拍摄的，似乎有点暗调的味道。执行“**图像/调整/曲线**”命令，在控制线的右上方点一下，会增加一个控制点。请将控制点向上方移动，相片会变得比较亮。

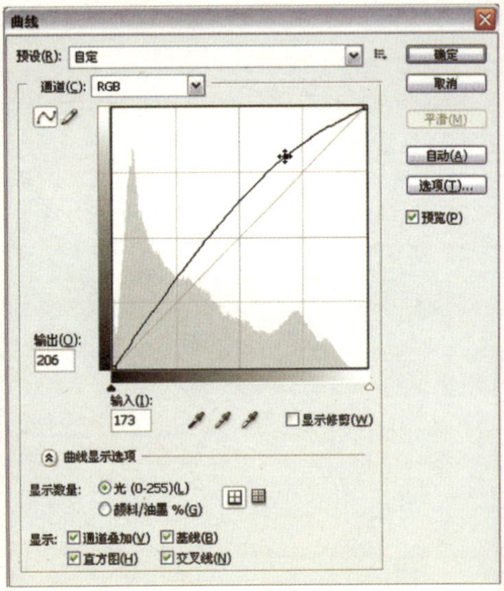

接着在线条的左方上点一下，也会增加一个控制点，向下方拖曳，会让相片对比度增强，结束后按下**确定**钮，相片的曝光度就调好了！

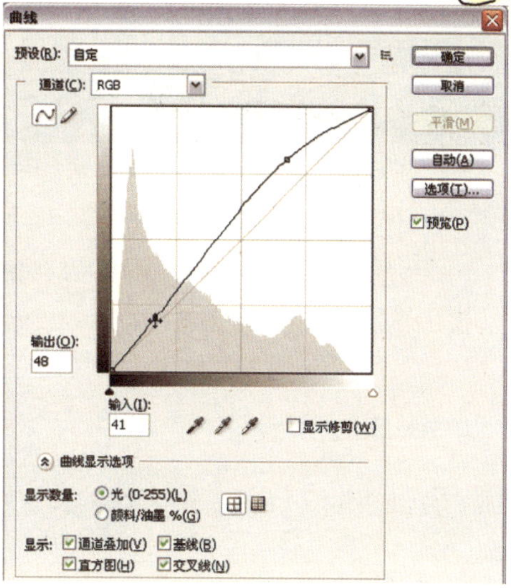

相片上有斑点

镜头如果弄脏了，拍摄的 100 张相片都会带有那个麻烦的脏点。也可能胶片扫描成数码影像时，把灰尘也扫进去了，这时候可以选择工具箱里的**污点修复画笔工具**，直接在污点上点一下，就可以消除了。

选择**污点修复画笔工具**去掉即可

污点修复画笔适用的范围：如果要去除的部分周围的色彩都是同一种色彩，就可以使用它，否则比较适合使用**修复画笔**来取代污点的位置。

我脸上的痘痘怎么办？

痘痘是个可怕的**污点**，会把人的心情搞坏。既然它是污点，一样使用**污点修复画笔**工具点掉就行。

路人甲乙丙，还有垃圾在现场。

遇到大面积的垃圾，我们就得花点工夫了。因为污点修复画笔不方便去除，需要利用圈选的方式将垃圾选起来，再修补上干净的区域。

右边这张相片看来多可爱，就是后面墙上的“推”字破坏了气氛。

选择**修补工具**，将“推”字圈选起来。

按住圈选区，拖曳至附近的木板上，当您松开鼠标后，“推”字就不见了，焦点终于能落在相片中的笑容上了。

清楚些·模糊些

为了某些特别的手绘任务，有时会想要一张模糊些的相片。想让相片清楚些，可以选择“**滤镜/锐化/锐化**”命令，相片便会更清楚些；若想要让相片模糊一点，就选择“**滤镜/模糊/高斯模糊**”命令。

不够 LOMO

爱上 LOMO 相片的味道，技术不好拍不出来，那就用 "做" 的，可以玩玩图层混合模式，再加一点模糊，让画面失焦，最后加一些暗角效果，效果绝佳!

随意开启一张相片，这张相片是用数码相机拍的，所以没有胶片的银盐颗粒味道，也没有 LOMO 的风格。

直接在这张相片中加入LOMO风格的色彩，如蓝绿色至黄色的渐变色。按下**图层**面板的 钮，选择**渐变叠加**选项，再点击一下**渐变色块**，请在渐变缩图上点选蓝绿至黄的渐变色后，按下**确定**钮。

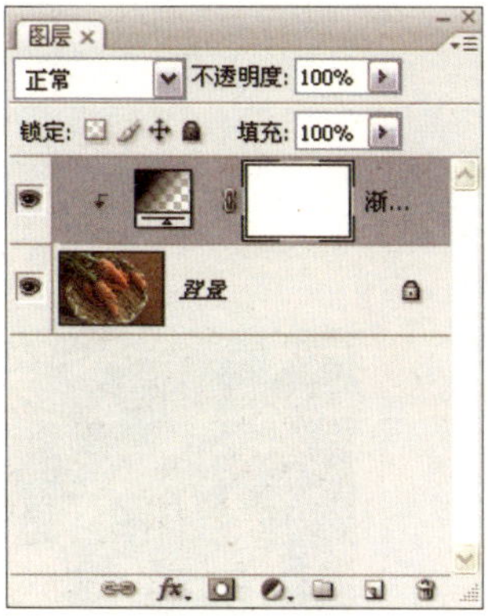

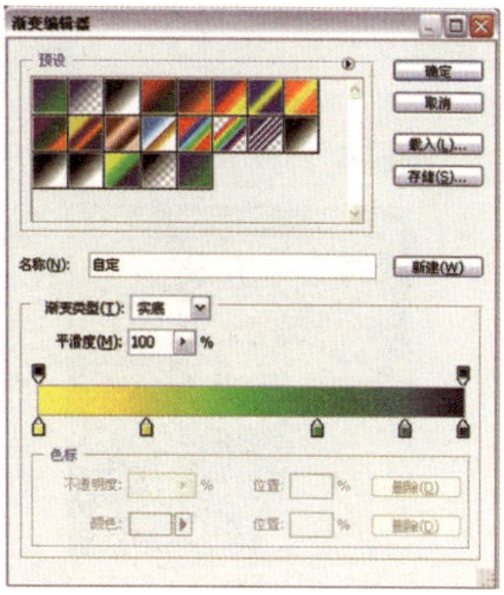

如果套用色彩后，相片上有反白的效果，请勾选**反转**项目以便将色彩反转。

回到**图层**面板，选择图层混合模式为**柔光**选项，渐变色就会反映至相片中，色调就带有少许LOMO风格。

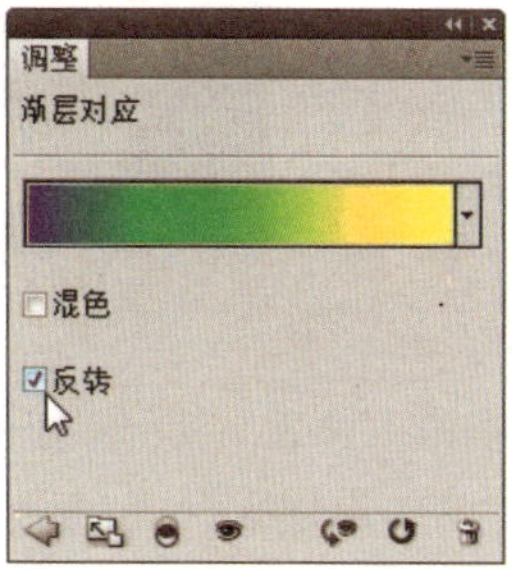

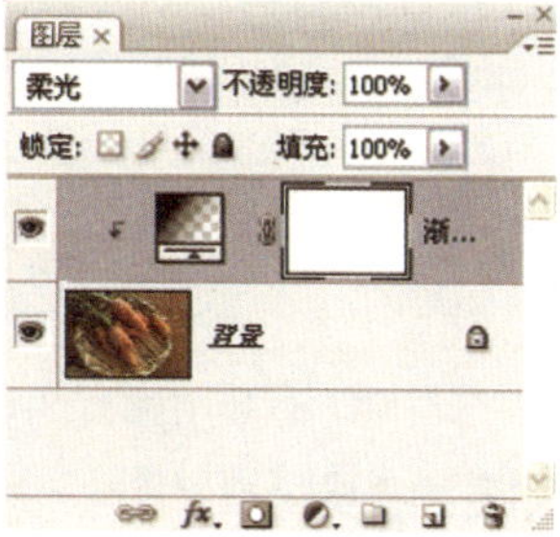

不要让相片留有太清楚的轮廓，加一点模糊，有失焦的感觉也不错。套用“**滤镜/模糊/高斯模糊**”命令，加一点点模糊吧！

加入杂色，仿制胶片上的银盐颗粒。执行“**滤镜/杂色/添加杂色**”命令，加入的杂色不能太多，产生颗粒状即可。

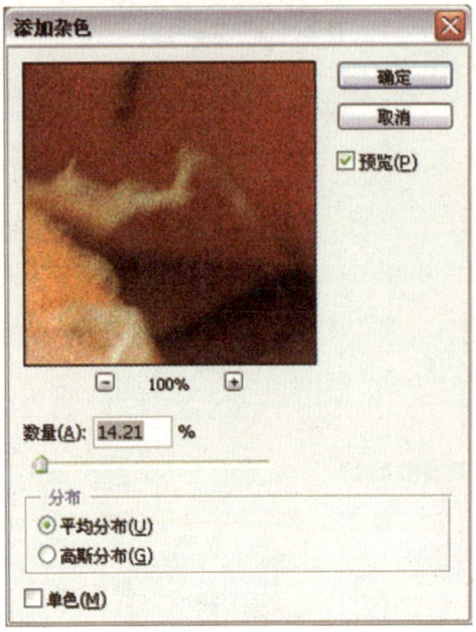

LOMO 有趣的地方就是暗角，那我们就利用光影的方式，在相片的四周产生暗角。执行“**滤镜/渲染/光照效果**”命令，将光影范围扩大，只要相片四角有暗角效果即可。

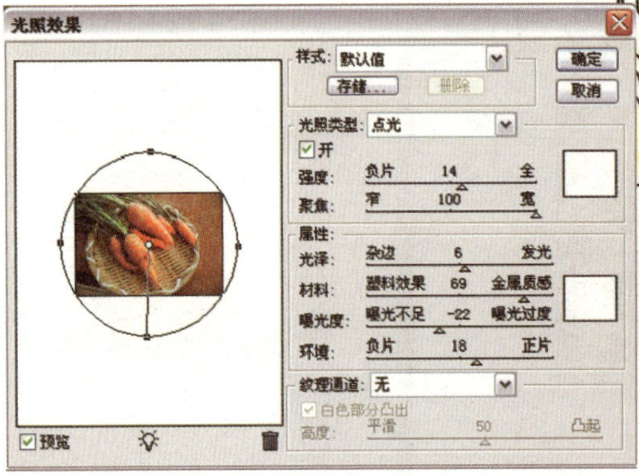

赶快随手拍！不怎么特别的家中小物也可以变得很有 LOMO 风格。

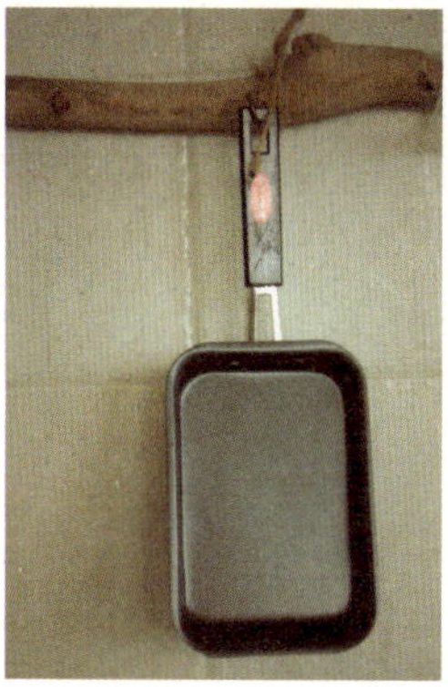

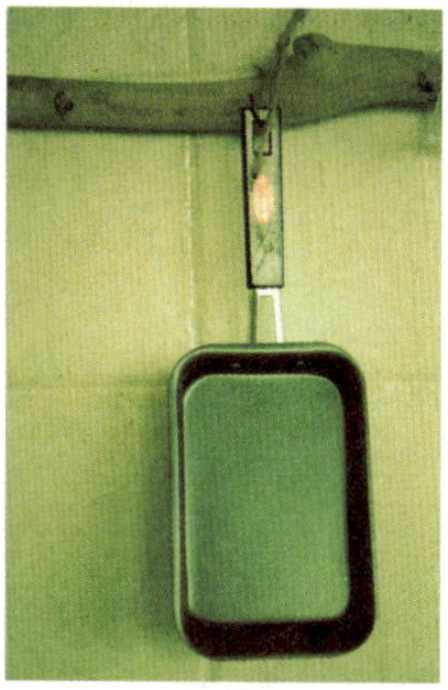

善用图层的混合模式

在之前的单元中曾经介绍过图层混合的玩法，图层混合可以玩出那么多有趣的合成效果，当然也能用在修片上。

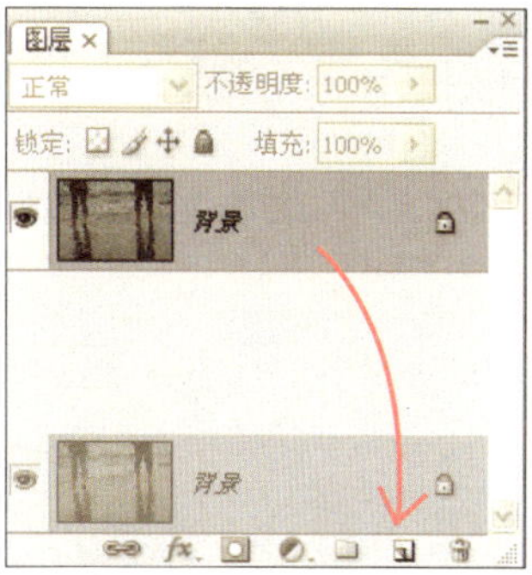

拖曳背景图层至这个钮上，可以拷贝一份图层

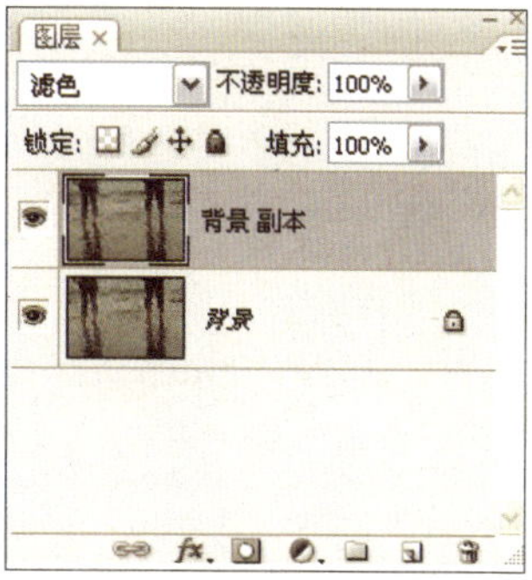

上方图层更改混合模式，如滤色

相片太暗，请选择**滤色**。

如果拷贝图层觉得不够亮，可以再拷贝一层，一样保持**滤色**选项，加强相片的亮度。

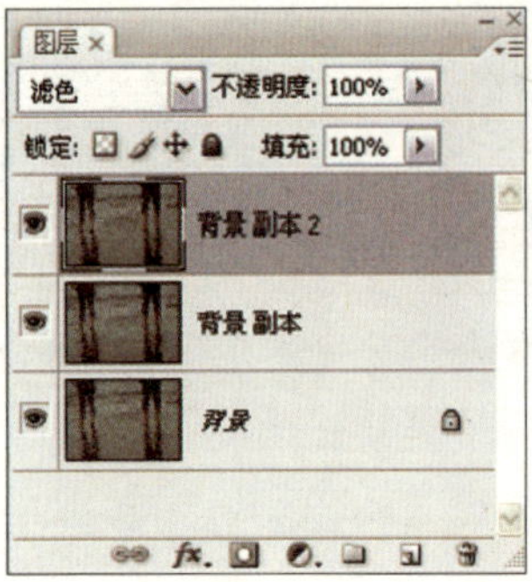

相片太亮，请选择**正片叠底**。

相片彩度不足，请选择**柔光**。

偷别人的景色

您拍的相片中没有白云，不用等到下一次，找张好看的白云贴进来吧！再利用蒙版原理，把不想出现的范围隐藏起来。

另外，也能利用**仿制工具**，将其他影像内容**拷贝**到现在的影像上，随着光标的移动可以控制拷贝的范围，合成就是这么简单。

在田野里拍了不少好相片，只是当天的天空太干净了，一点白云都没有，让相片显得有点头轻脚重的感觉。在自家阳台外面，刚好拍到不错的白云，两张相片就合为一体吧！

将白云复制并贴进另一张照片中，再把白云移至相片的上方，然后点击**图层**面板的 [icon] 钮，加入蒙版。

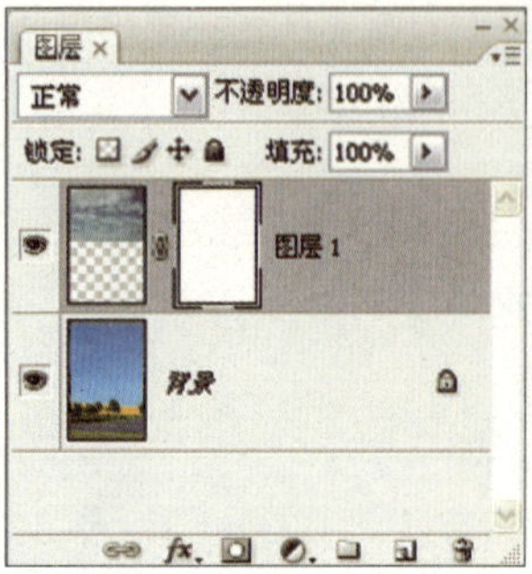

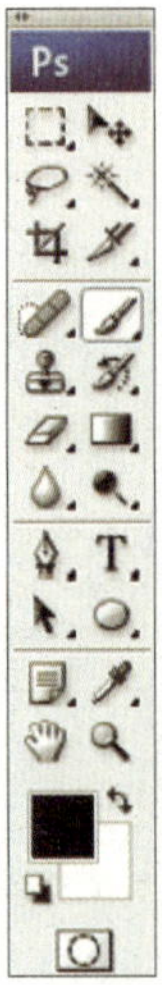

知道要怎么合成了吧？选择**画笔工具**，再选择黑色色彩，可以在属性栏上面降低**不透明度**与画笔的**柔边**程度，在不要白云的地方涂抹，就可以将景色突显出来。

完成了！完成了看不出破绽、也看不出合成痕迹的作品，其实换个天气也挺好的。

photo by nini
life with camera

life with camera
photo by nini

life with camera
photo by nini

life with camera
photo by nini

UNIT 13

卡布妮妮

属于您的手作

逛过创意市集吗

创意市集里的所有老板全都在为自己的创意标价，有您喜欢的商品，就能买下老板的创意，回家欣赏使用，这是很特别的交易，或许您会觉得：我也可以！那么您就真的也可以啊！

相片出处 http://www.flickr.com/photos/nanhai/collections/72157601764249489/

手绘板是创意的传送板

在日本的社区里，有传送公告的传送板相互传送下去；而我们靠一块手绘板，也能把自己的创意传送下去。来玩你我都做得出的创意作品吧！手绘的作品＋特殊喷墨打印纸＋相片打印机 = 创意商品。

哪里能买到特殊的喷墨纸张

在电脑大卖场或 3C 商场中，您都找得到特殊的喷墨用纸，如投影片喷墨用纸、软性磁铁、印刷帆布、水转印或热转印纸等。再找一把剪刀，就能赋予商品一个新的生命。

DIY 粉 HAPPY!

笔记本电脑贴、手机贴……什么都能贴。

前阵子想买笔记本买电脑，看见一台多了版面彩绘功能的 13 英寸笔记本电脑，只是多了一项彩绘功能，就多了近千块，真是不划算。一气之下买了一本几十元的喷墨专用自黏性透明胶片，就是透明贴纸，自己买自己贴。唯一的缺点就是不能沾水。

先在 Photoshop 里做一个喜欢的图案。我将咖啡杯去背景，加上猫咪与题字后，执行“**文件/打印**”命令，在开启的对话框中选择打印机型号，然后按下**页面设置**按钮。

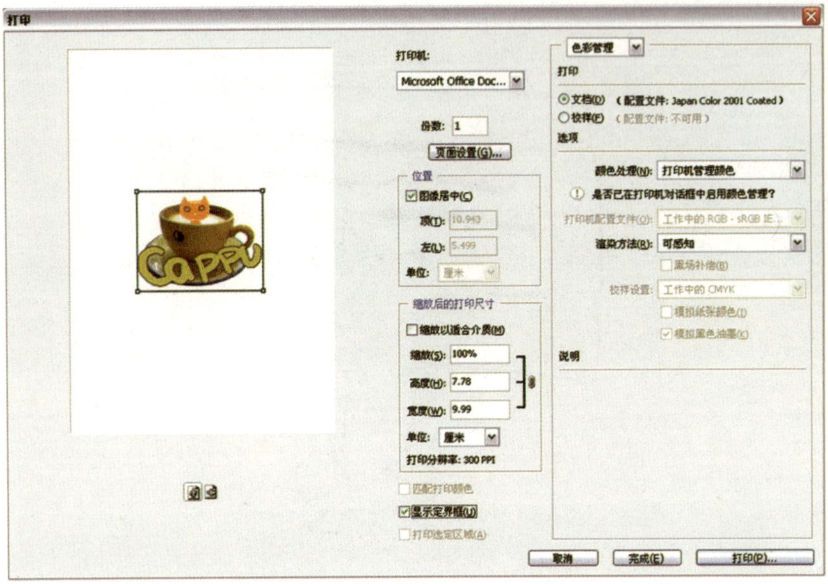

接着按下**首选项**按钮，选择正确的纸张类型与印刷品质，结束后按下**打印**按钮。

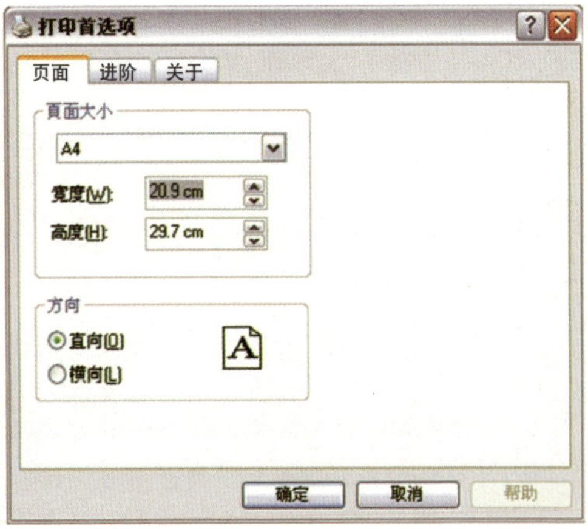

别忘了把纸张放进去。

打印在透明贴膜上，再用剪刀沿着边缘剪下来。

就可以贴在任何不会碰到水的物品上。当然，下图只是做效果，千万别拿去冲洗呀!

喷墨专用油画布

您可以买个喷墨专用的油画布，直接将画作印在油画布上。一般我们买得到的是A4大小的油画布，方便我们使用一般A4规格的彩色打印机打印。

也可以用转印纸

您也可以购买一种叫做“水转印”或“热转印”的纸，水转印纸可以将图案印在马克杯或盘子上；而热转印纸则需利用热气将图案印在布料上，用水洗都不用担心会脱落。

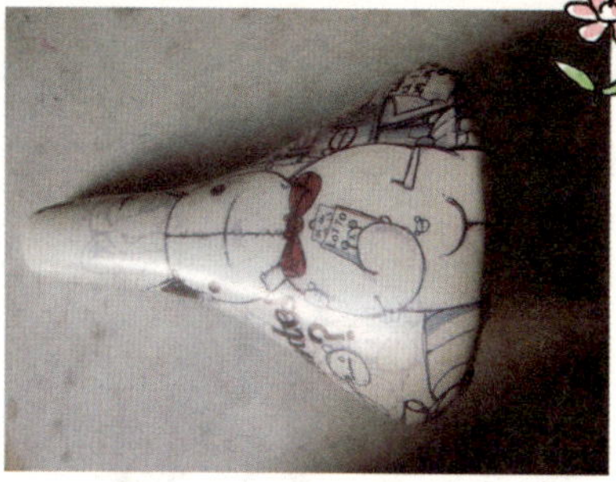

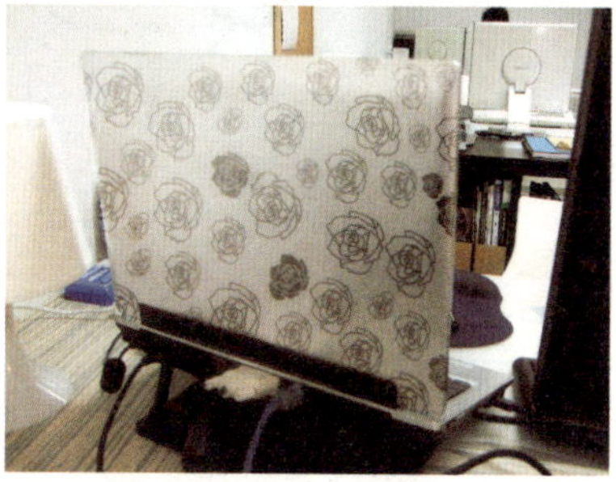

用力拍拍拍，变成得意的作品，什么事都会实现！

因猫而认识了创意市集“伯乐门”的客制化转印商品，卡布妮妮有事没事都会去那串门子，看看有没有最新的作品出现。也将它介绍给想把手绘作品转印在任何材质上的您，想开发自己的创意市场吗？负责人阿佘会提供教学服务。

http://tw.myblog.yahoo.com/bolemantw/

热转印・水转印更多的乐趣皆在伯乐门

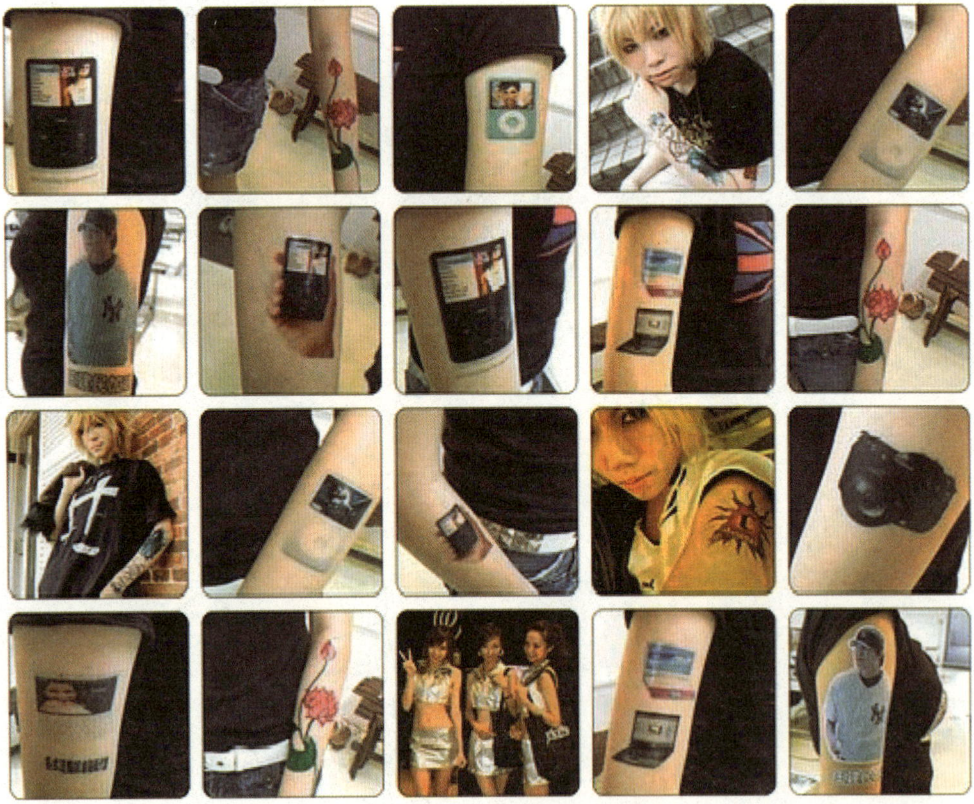

如果可以，
请假装看不到我。

UNIT 14

卡布妮妮

线上相片游戏

手绘的创作，我们不再习惯只是放在电脑里孤芳自赏了，在无边无际的网络中交一个知音变得更容易了。卡布妮妮拥有自己的一个猫咪博客，记载着猫咪 KUSO 的表情与 KUSO 的行为，另外也将自己的冷笑话放在网络上，找一个人跟我一起发笑也挺帅气的!

常常与徐小妮在网络空间相会，每天小妮会把她的日记画成插画，绘图笔在她的手上似乎是某个器官一样，运用自如，每个篇幅都有故事，都很精彩。

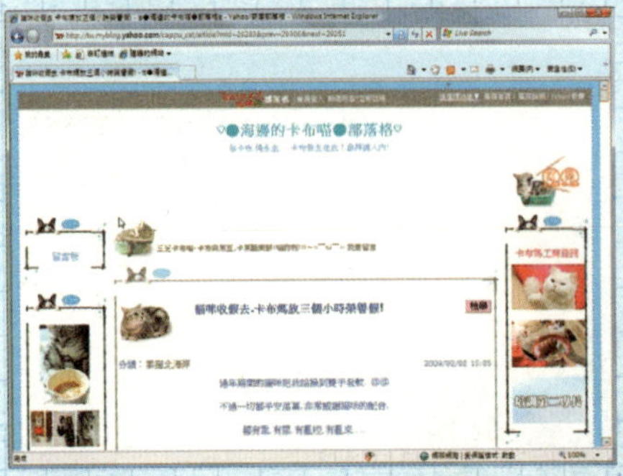

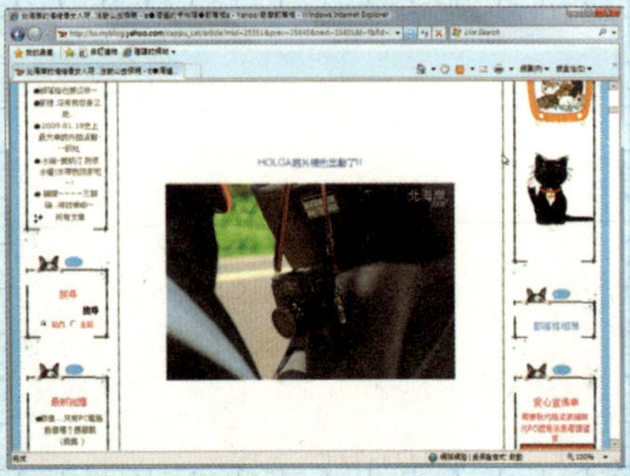

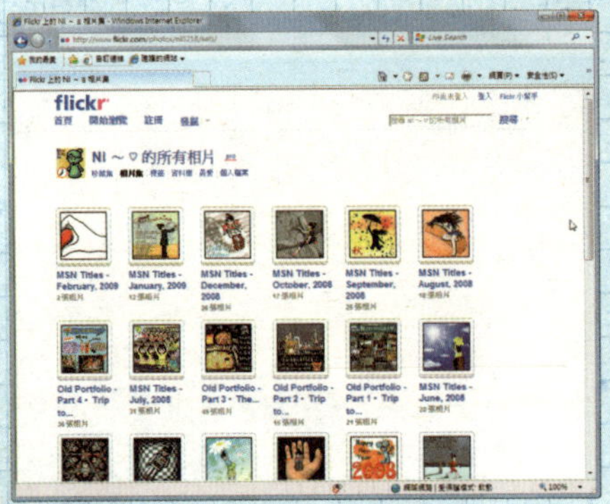

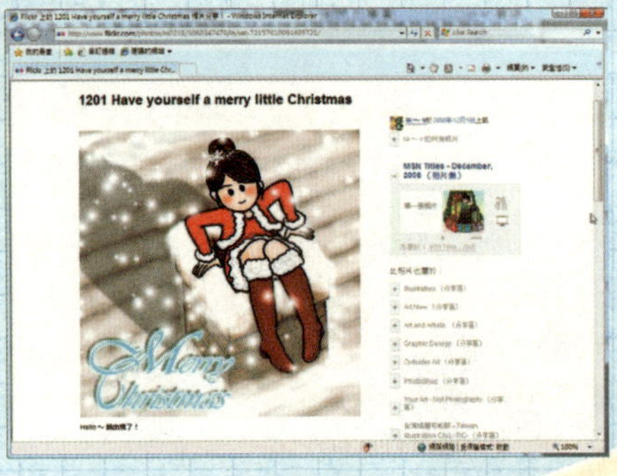

是的！现在流行网交

来网交吧！没见过本人那已不是 21 世纪这群地球人会在意的事了，咱们只在意您的星球里是否最近耕种了有机文章或有机图画，拍了有机相片，让我们天天吸收这些有机精华，沐浴在各种氛围中。推荐几个不错的博客与不错的相册，到时别忘了将您的博客与卡布妮妮分享。

不错的博客空间

http://www.wretch.cc

http://blog.yam.com

http://blog.sina.com.cn

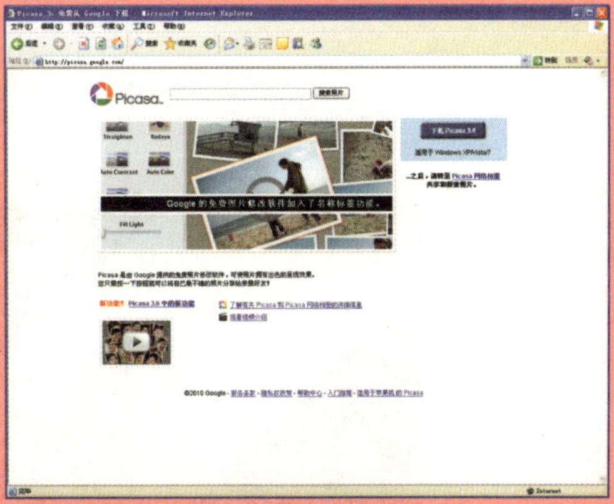

http://www.picasa.com

网海里的摸摸鱼游戏

影像的游戏多种多样，您可以像我一样拿着手绘笔在相片上画画。画画的时候，您是开心的，好像拿着一本书，躺在沙发上静静地在那个时刻与书中的主角共处。影像的玩法还能利用 Photoshop 里的滤镜工具添油加醋，来个油画效果或来个铅笔画，瞬间帮您找到电脑画家帮忙。其实不止这些，没买软件的朋友，网络中也有很多免费下载试用的网站，而且内容更丰富更有趣。

PhotoFunia 的影像世界

在 www.photofunia.com 的网站里，您只要准备一张肖像相片，挑选一个有趣的套用版面，按下“浏览”按钮将相片上传后，马上就会帮您套用版面效果。

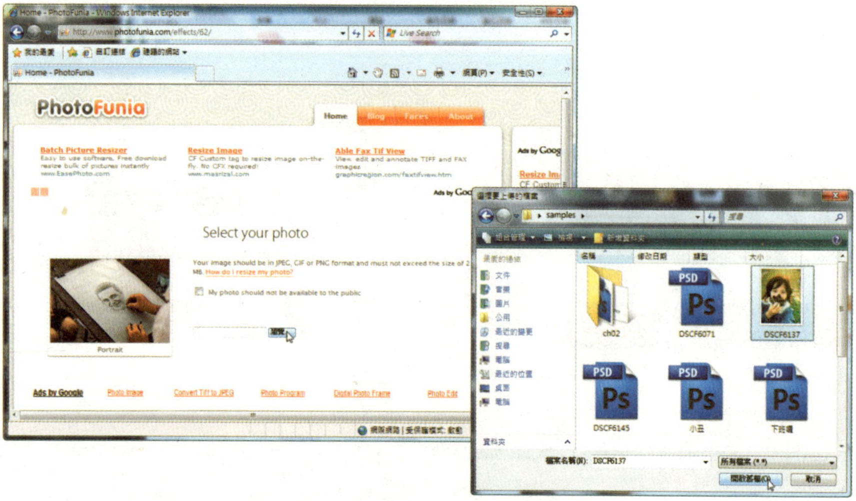

套用完毕！超级精彩的作品！可以按下“储存”钮，将这张相片存到您的电脑里自我观赏。

写真版面自己来

www.scrapblog.com 网站就更炫了！不懂美工版面设计的朋友还真是有福了，在短时间内即可找到适合的相册版面，只要套用一下，还能修改版面的内容，保存文件后就能直接打印，制作成独一无二的相册。连身为美工设计师的我们，有时也会懒得自己动手制作，套用一下就好了！

进入网站后，可以进入版面选择页面

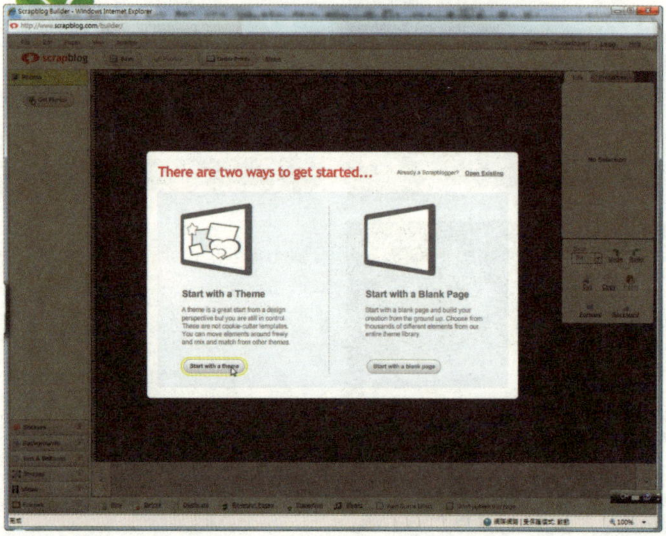

选择左方的选项

快来看看！超赞的版面菜单！甚至每种版面里还提供数个同类型的版型套用，真的是福音呀！选择了某款版型后，可以瞧瞧里面其他的版型内容，如果确定要使用它，就可以点击“Select Theme”按钮。

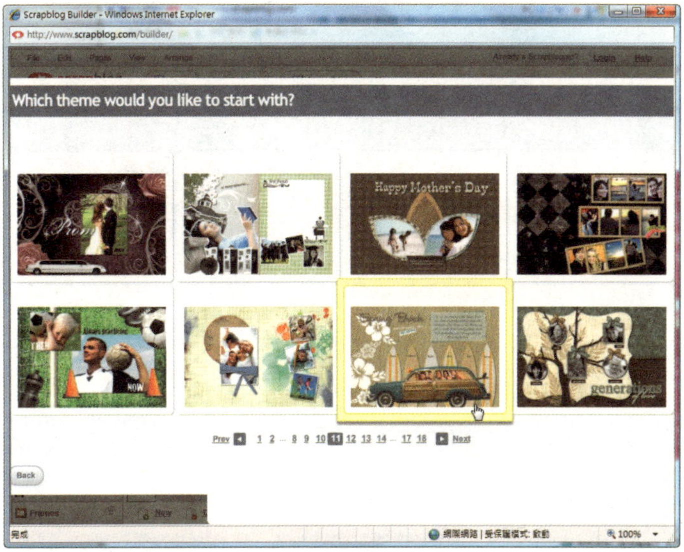

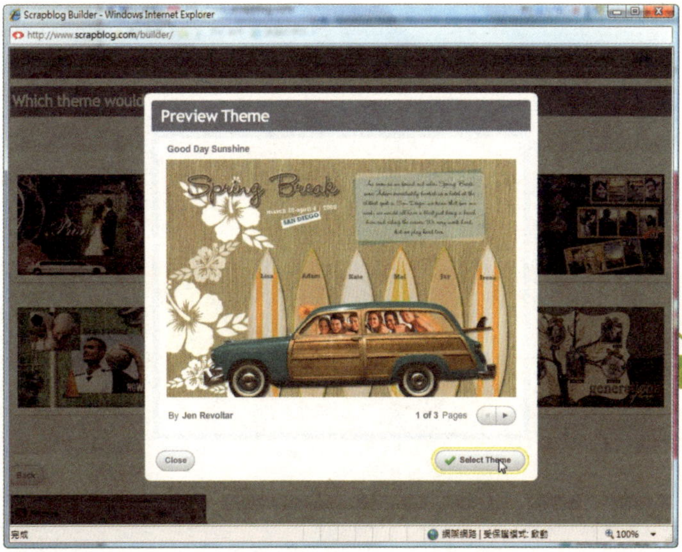

进入编辑页面，每个元素都可以重新调整它们的尺寸与内容。

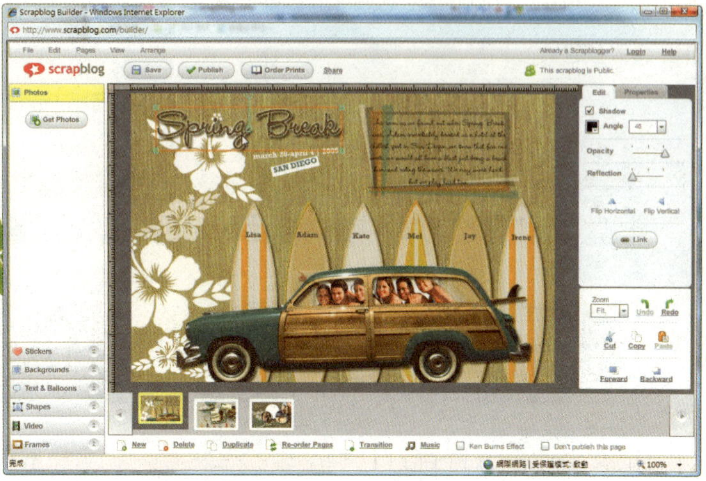

除此之外，文字内容与字形也能再次修改。

将我们的相片上传至这个网站里，便能使用所有相片编辑选项，相片也能安排在适当的位置。

不同版型套用各种相片，实在太棒了！

线上美术馆

画作不能只让自己一个人芳心自赏，放在美术馆里让大家参观参观吧！

哈！在 www. dumpr.net 里，有一款博物馆游戏，您选择上传的文件后，再挑选套用版型。

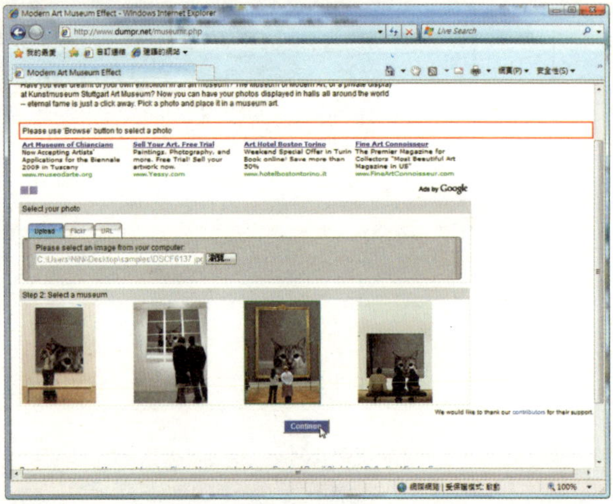

完成了！大家都在看我呢！

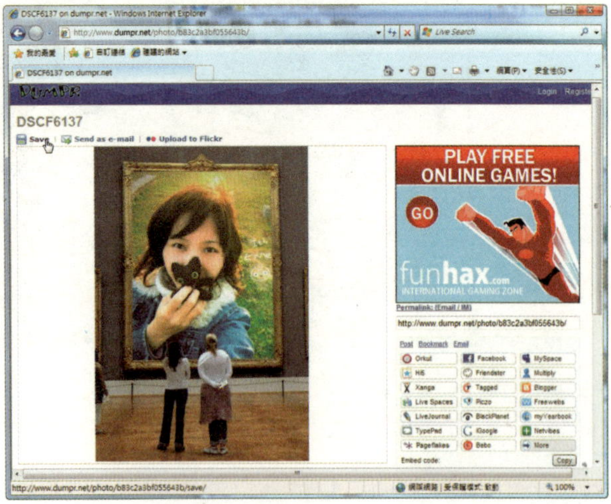

另外，还有 LOMO 风。LOMO 相机所拍摄的相片有偏蓝或偏红的效果，还有暗角的味道，许多人迷恋这种风格，但在专业摄影师的眼中，这是属于失败的相片。

拍照是为了保留瞬间，但也需要多一点刺激让相片更有趣。

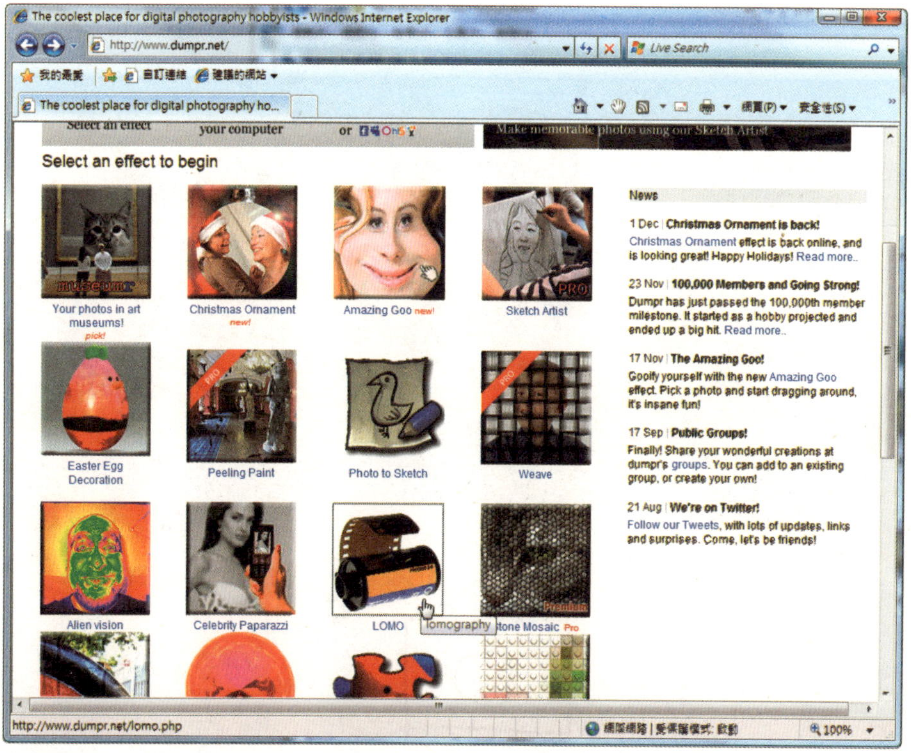

想要别人帮您拍照的效果吗？套用 Celebrity Paparazzi 效果，就会有人与您一起同游，帮您拍照了。

最特别的是 Amazing goo效果，可以让您的相片变形。眼睛大一点，鼻子挺一点，脸颊胖一点……

COMIC 漫画自己来

卡布妮妮介绍的相片花招越来越多了，最后再推荐一款漫画效果给您。这是一个 30 天的试用软件，这 30 天内您可以尽情享受将相片变成漫画书的制作过程，若满意了，30 天后在线上购买正式版本授权码即可。

漫画里的对话框，还有漫画书里的格子铺陈，Comic Life 已经帮您设计好了。一开始可以选择适合的漫画格子版型，利用拖曳的方式就可以套用了。

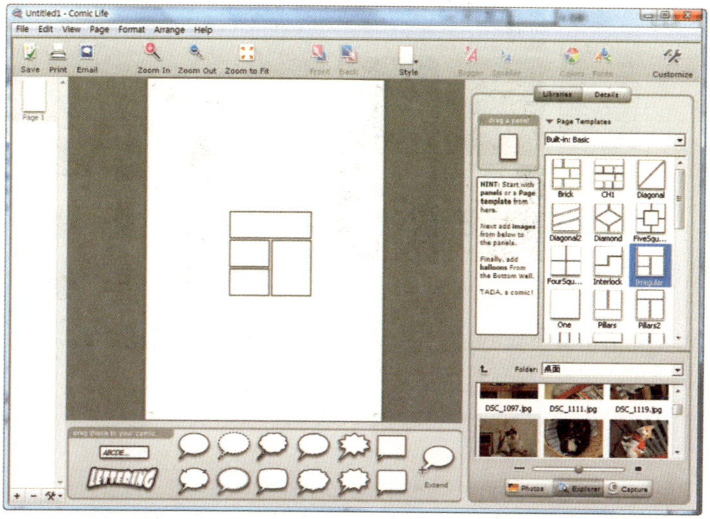

再将相片丢入格子中。

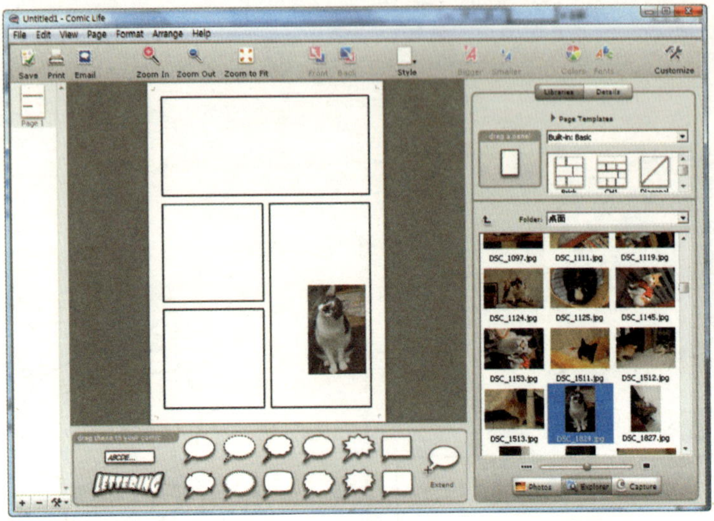

每张相片都可以调整尺寸并旋转角度。

漫画书里最重要的对话框样式，在操作窗口下面提供了许多选择，同样利用拖曳的方式即可放入适合的位置。

文字也可以修改，还能调整文字的大小与对话框的箭头角度。

越来越精彩了!

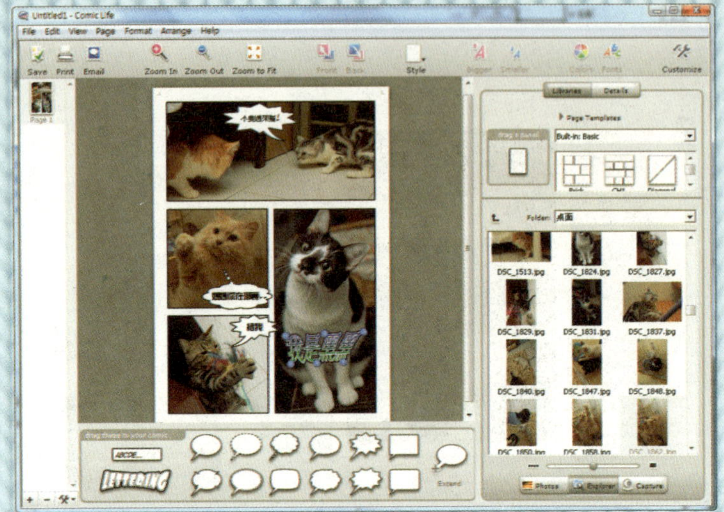

最后一个步骤是将影像转成 JPEG 就大功告成了! 赶快跟您的好朋友分享吧!

影像，要生活化。

所以我们开始玩起小相机。

影像，要趣味化。

所以我们拥有了手绘板。

您的生活要怎么点缀得更精彩?

您一定有能力可以做得更好!

学我们拿着手绘板与相机一起出游，

一起合作。

画出心中的城堡。

不要过来啊！
妈妈你在哪里……
给我
我是黑黑

MEMO

MEMO

MEMO

MEMO

MEMO

MEMO

MEMO

MEMO

图书在版编目（CIP）数据

我的相片绘画手札 / 张静怡，徐小妮著. —北京：中国摄影出版社，2010.5

ISBN 978-7-80236-437-0

Ⅰ.①我… Ⅱ.①张… ②徐… Ⅲ.①数字照相机－图像处理 Ⅳ.①TP391.41

中国版本图书馆CIP数据核字（2010）第085128号

策　　划：盛益文化
责任编辑：何　星
执行编辑：陈　馨　高鸿雁
设　　计：水长流文化发展有限公司

书　　名：我的相片绘画手札
作　　者：张静怡　徐小妮
出　　版：中国摄影出版社
地　　址：北京东单红星胡同61号　邮编：100005
发 行 部：010-65136125　65280977
网　　址：www.cpphbook.com
邮　　箱：office@cpphbook.com
印　　刷：北京瑞禾彩色印刷有限公司
开　　本：710mm×970mm　1/16
印　　张：16
版　　次：2010年5月第1版
印　　次：2010年5月第1次印刷
印　　数：1—5000册
ISBN 978-7-80236-437-0
定　　价：59.00元